钢铁材料力学与工艺性能标准试样图集及加工工艺汇编

主　编　王克杰　方　健　周立富

副主编　潘贻芳　田庆荣　廖　力

　　　　王承忠　任永秀　闵凡启

　　　　程道米　蔡士达　王建国

北　京

冶 金 工 业 出 版 社

2014

内 容 提 要

本书由多年从事钢铁材料力学试样加工及力学试验的专家共同编写。本书共分三篇。第一篇主要介绍金属材料板材、棒材、管材等各种材料涉及的各种力学试样的标准图谱、图中涉及的符号、技术说明以及试样加工主要加工工序、加工设备和加工要点。第二篇详细介绍力学试样的加工工艺，涉及普通加工工艺及装备、简洁高效的专用加工装备以及集成化自动化试样加工中心和生产线。第三篇介绍力学试样取样方法、多国船级社认可力学试验参数对照表以及表面粗糙度新旧表示方法对照表等参考资料。

本书对各钢铁机械企业、科研院所工科院校以及试样加工部门中的力学实验室设计、管理和试验人员及试样加工人员等具有很高的参考和实用价值。

图书在版编目（CIP）数据

钢铁材料力学与工艺性能标准试样图集及加工工艺汇编/王克杰，方健，周立富主编．
—北京：冶金工业出版社，2014.4
ISBN 978-7-5024-6466-0

Ⅰ．①钢…　Ⅱ．①王…　②方…　③周…　Ⅲ．①钢—金属材料—材料力学性质　②铁—金属材料—材料力学性质　Ⅳ．①TG142.1

中国版本图书馆 CIP 数据核字（2013）第 269801 号

出 版 人　谭学余
地　　　址　北京北河沿大街嵩祝院北巷 39 号，邮编 100009
电　　　话　（010）64027926　电子信箱　yjcbs@cnmip.com.cn
责任编辑　戈　兰　美术编辑　彭子赫　版式设计　孙跃红　责任校对　石　静　责任印制　李玉山
ISBN 978-7-5024-6466-0
冶金工业出版社出版发行；各地新华书店经销；三河市双峰印刷装订有限公司印刷
2014 年 4 月第 1 版，2014 年 4 月第 1 次印刷
787mm×1092mm　1/16；17.5 印张；4 彩页；449 千字；254 页
148.00 元

冶金工业出版社投稿电话：**（010）64027932**　投稿信箱：**tougao@cnmip.com.cn**
冶金工业出版社发行部　电话：**（010）64044283**　传真：**（010）64027893**
冶金书店　地址：北京东四西大街 **46** 号（**100010**）　电话：**（010）65289081**（兼传真）

（本书如有印装质量问题，本社发行部负责退换）

钢铁材料质量的

提高依赖于冶金

科技的创新与精细

试样加工及先进

水平的检测

二〇一三年六月十八日

组织委员会

顾　　　问　　中国钢研科技集团有限公司　田志凌

　　　　　　　钢研纳克检测技术有限公司　贾云海　鲍　磊

主 任 委 员　张振武

副主任委员　方　健　潘贻芳　沈　巍　王淑兰　杨瑞民　乐金涛

　　　　　　　周立富　高俊庆　徐卫星

委　　　员（按姓氏笔画排列）

　　　　　　　王　萍　王　烽　王洪亮　刘　杰　刘百川　刘建华

　　　　　　　朱　刚　朱海根　李树庆　李荣峰　欧阳琦　郑安慧

　　　　　　　原建华　耿小红　彭敦远　崔全法　廉晓洁

编辑委员会

前　言

　　在全国冶金物理测试信息网和力学试样加工技术委员会直接领导下，《钢铁材料力学与工艺性能标准试样图集及加工工艺汇编》在全国冶金物理测试信息网成立三十周年之际正式修订出版发行。本图集是在1990年9月全国冶金物理测试信息网组织编写的《钢铁材料标准试样图汇编》及2001年5月编写的《钢铁材料标准试样加工工艺图册》基础上修订而成的。此次修订距原图集编写已有二十余年，与工艺图册相隔十余年，这期间，我国的钢铁生产发生了巨大的变革，钢产量跃居世界第一，品种不断扩大，质量快速提升，部分产品达到了世界先进水平，同时相关的产品标准和试验方法标准也已多次修订，并完成了与国际标准的接轨。其中许多产品对力学与工艺性能试验项目和要求有很大变化，这就需要在力学试验上必须有很大的改进，对试样尺寸和表面精度要求更高；加工速度加快、周期更短，以适应工业发展需要。同时近十年，双面铣、双开肩数控机床试制成功，开创了试样加工领域新纪元；各试样加工生产企业研发出许多新的加工技术，研制了多种高性能、多功能的加工机床、设备和加工生产线，这极大地提高了钢铁材料试样加工水平，提高了试样成品质量、制备速度，在缩短周期同时大大减少了取样损失，为企业节约了大量的人力、物力，创造了可观的经济效益。因此原标准和工艺图册必须进行修改，以适应产品和试验方法标准以及新加工工艺及方法的要求和发展。

　　本书包括三篇，第一篇是常用力学性能试样图集，给出了当前力学试验标准有效版本中常用力学与工艺性能试样的标准图、主要技术参数以及主要加工工序和要点；第二篇是力学试样加工工艺简介，涉及了常规试样加工工艺、专用加工设备、加工中心和加工生产线等新技术、新工艺和新装备内容；第三篇介绍了力学试样取样方法以及多国船级社力学试样参数对比等力学试验工作者比较关心的一些技术资料。

本书的编写是由全国冶金物理测试信息网力学试样加工技术委员会、钢铁研究总院钢研纳克检测技术有限公司、天津钢铁集团有限公司、宝钢股份有限公司、重庆钢铁股份有限公司、马鞍山钢铁股份有限公司、太原钢铁集团有限公司、武汉钢铁集团公司，莱芜钢铁集团有限公司、上海秀阳材料检测技术有限公司、齐齐哈尔华工机床制造有限公司、北京科技大学新金属材料国家重点实验室等科研院所、工科院校和钢铁企业、试样加工专用设备生产厂共同协作完成的。由于时间、条件以及参与人员的水平有限，书中难免有不妥之处，敬请有关读者能予谅解并批评指正。

《钢铁材料力学与工艺性能标准试样图集及加工工艺汇编》
编辑委员会
2013 年 10 月

目　　录

第一篇　力学标准试样图集

第二篇　力学试样加工工艺

第三篇　取样位置及相关内容

第27章　钢及钢产品力学性能试验取样位置及试样制备

第28章　九国船级社认可力学实验参数对照表 ┄┄ 242

第29章　金属材料　复合钢板力学试样

第一篇　力学标准试样图集

第1章　金属材料　室温拉伸试样

1.1　圆形横截面带头比例拉伸试样(GB/T 228. 1—2010)

1.1.1　试样图解及符号说明

圆形横截面带头比例拉伸试样图解及符号说明见图1-1。

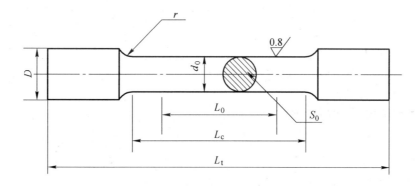

图1-1　圆形横截面带头比例拉伸试样示意图

d_0—圆形横截面试样平行长度的原始直径；D—圆形横截面试样夹持部分直径；

r—过渡圆弧半径；L_0—试样原始标距；L_c—试样平行长度；

L_t—试样总长度；S_0—平行长度的原始横截面积

1.1.2　试样尺寸、编号及L_0、L_c规定

圆形横截面比例拉伸试样尺寸、编号及L_0、L_c规定见表1-1。

表 1-1 圆形横截面比例拉伸试样

d_0/mm	r/mm	$k = 5.65$			$k = 11.3$		
		L_0/mm	L_c/mm	试样编号	L_0/mm	L_c/mm	试样编号
25	≥0.75d_0	5d_0	≥$L_0 + d_0/2$ 仲裁试验: $L_0 + 2d_0$	R1	10d_0	≥$L_0 + d_0/2$ 仲裁试验: $L_0 + 2d_0$	R01
20				R2			R02
15				R3			R03
10				R4			R04
8				R5			R05
6				R6			R06
5				R7			R07
3				R8			R08

注: 1. 如相关产品标准无具体规定时, 优先采用 R2、R4、R7 试样或是双方协议试样。

2. 试样总长度取决于夹持方法, 原则上 $L_t > L_c + 4d_0$。

3. 机加工的圆形横截面试样其平行长度的直径一般不应小于 3mm。

1.1.3 加工工序及方法

(1) 按标准检查验收坯料, 并确认坯料的轧制方向、试样加工方向及加工位置。

(2) 试样加工过程中应避免由于加工硬化或过热而影响材料的力学性能。

(3) 去掉坯料的热影响区或冷变形区, 按照 GB/T 2975 中规定的取样要求, 将坯料加工成 $D \times L_t$ 大小的圆形样坯。D 与 L_t 的尺寸大小可根据表 1-1 中的试样编号进行计算。使用的加工设备有带锯床、车床、空心钻床等。若毛坯需进行热处理时, 转热处理工序。毛坯尺寸按 GB/T 3077 合金结构钢中相应钢种规定的毛坯尺寸进行加工。

(4) 用车床精车上述毛坯样至 d_0, 并留 0.5mm 加工余量, 同时 L_0、L_c 也应符合表 1-1 的要求。

(5) 使用外圆磨床将试样磨削成符合 d_0 和 L_0、L_c 要求的标准试样。

(6) 试样加工过程中的尺寸公差应符合表 1-2 的规定。

(7) 本试样类型适用于直径或厚度大于或等于 4mm 以上的线材、棒材和型材及厚度大于或等于 3mm 以上的板材和扁材。

表 1-2　圆形横截面比例拉伸试样尺寸公差
（mm）

名　称	名义横向尺寸	尺寸公差	形状公差
机加工的圆形横截面试样直径	≥3 ～ ≤6	±0.02	0.03
	>6 ～ ≤10	±0.03	0.04
	>10 ～ ≤18	±0.05	0.04
	>18 ～ ≤30	±0.10	0.05

注：若试样的公差满足表1-2，试样原始横截面积可以用名义值，否则必要对每个试样的尺寸进行实际测量。

1.2　矩形横截面拉伸试样（GB/T 228.1—2010）

1.2.1　试样图解及符号说明

矩形横截面拉伸试样图解及符号说明见图1-2。

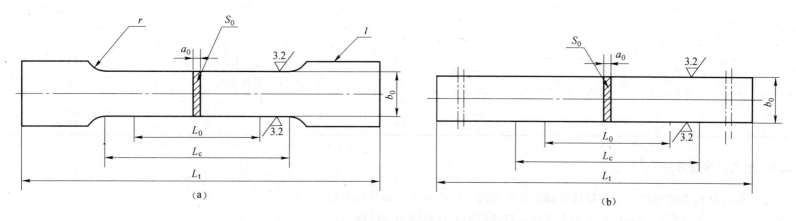

图 1-2　矩形横截面拉伸试样

（a）矩形横截面带头拉伸试样示意图；（b）矩形横截面不带头拉伸试样示意图

a_0—板试样原始厚度；b_0—板试样平行长度的原始宽度；l—夹持头部；r—过渡圆弧半径；L_0—试样原始标距；
L_c—试样平行长度；L_t—试样总长度；S_0—平行长度的原始横截面积

1.2.2 试样尺寸、编号及 L_0、L_c 规定

矩形横截面拉伸试样尺寸、编号及 L_0、L_c 规定见表 1-3 和表 1-4。

表 1-3 矩形横截面比例拉伸试样

b_0/mm	r/mm	$k = 5.65$			$k = 11.3$		
		L_0/mm	L_c/mm	试样编号	L_0/mm	L_c/mm	试样编号
12.5				P7			P07
15			$\geqslant L_0 + 1.5\sqrt{S_0}$	P8		$\geqslant L_0 + 1.5\sqrt{S_0}$	P08
20	$\geqslant 12$	$5.65\sqrt{S_0}$	仲裁试验:	P9	$11.3\sqrt{S_0}$	仲裁试验:	P09
25			$L_0 + 2\sqrt{S_0}$	P10		$L_0 + 2\sqrt{S_0}$	P010
30				P11			P011

注：如相关产品标准无具体规定，优先采用比例系数 $k = 5.65$ 的比例试样。

表 1-4 矩形横截面非比例拉伸试样

b_0/mm	r/mm	L_0/mm	L_c/mm	试样编号
12.5		50		P12
20		80	$\geqslant L_0 + 1.5\sqrt{S_0}$	P13
25	$\geqslant 20$	50	仲裁试验:	P14
38		50	$L_0 + 2\sqrt{S_0}$	P15
40		200		P16

1.2.3 加工工序及方法

（1）按标准检查验收坯料，并确认坯料的轧制方向、试样加工方向及加工位置。

（2）试样加工过程中应避免由于加工硬化或过热而影响材料的力学性能。

（3）去掉坯料的热影响区或冷变形区，按照 GB/T 2975 中规定的取样要求，将坯料加工成 $B \times L_t$ 大小的矩形样坯，宽度方向上保留 0.5mm 加工余量。B 与 L_t 的尺寸大小可根据表 1-3 和表 1-4 中选用的试样编号进行计算。加工设备有带锯床、双带锯、刨床、双面铣床等。

（4）制备带肩试样时，可使用数控双开肩铣床或配有专用夹具的立式铣床，将上述样坯加工成符合 b_0 和 L_0、L_c 要求的标准试样（亦称试样开肩）。制备不带肩试样时，使用刨床沿试样轴线方向将 B 刨削至符合标准要求的 b_0 尺寸。

（5）试样加工过程中的尺寸公差应符合表 1-5 的规定。

（6）本试样类型适用于厚度大于或等于 3mm 以上的板材、扁材，以及管壁厚度大于或等于 3mm 的管材机加工横向矩形截面试样。

表 1-5　矩形横截面拉伸试样尺寸公差
（mm）

名　称	名义横向尺寸	尺寸公差	形状公差
相对两面机加工的矩形 横截面试样横向尺寸	≥3 ~ ≤6	± 0.02	0.03
	>6 ~ ≤10	± 0.03	0.04
	>10 ~ ≤18	± 0.05	0.06
	>18 ~ ≤30	± 0.10	0.12
	>30 ~ ≤50	± 0.15	0.15

注：若试样的公差满足表 1-5，试样原始横截面积可以用名义值，否则必要对每个试样的尺寸进行实际测量。

1.3　管材全壁厚纵向弧形试样（GB/T 228.1—2010）

1.3.1　试样图解及符号说明

管材全壁厚纵向弧形试样图解及符号说明见图 1-3。

1.3.2　试样尺寸、编号及 L_0、L_c 规定

管厚纵向弧形比例拉伸试样尺寸、编号及 L_0、L_c 规定见表 1-6。

表 1-6　管厚纵向弧形比例拉伸试样

D_0/mm	b_0/mm	a_0/mm	L_c/mm	$k = 5.65$		$k = 11.3$	
				L_0/mm	试样编号	L_0/mm	试样编号
30 ~ 50	10	原壁厚	$\geq L_0 + 1.5\sqrt{S_0}$ 仲裁试验： $L_0 + 2\sqrt{S_0}$	$5.65\sqrt{S_0}$	S1	$11.3\sqrt{S_0}$	S01
>50 ~ 70	15				S2		S02
>70 ~ 100	20/19				S3/S4		S03
>100 ~ 200	25				S5		
>200	38				S6		

注：如相关产品标准无具体规定，优先采用比例系数 $k = 5.65$ 的比例试样。

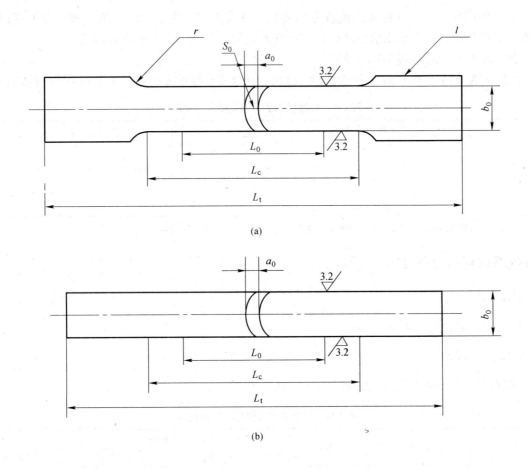

(a)

(b)

图 1-3　管材全壁厚纵向弧形试样

（a）纵向弧形带头试样示意图；（b）纵向弧形不带头试样示意图

a_0—原始管壁厚度；b_0—圆管纵向弧形试样原始宽度；l—夹持头部宽度；r—过渡圆弧半径≥12mm；

L_0—原始标距；L_c—平行长度，对于不带头试样，两夹头间的自由长度应使试样原始标距与最接近的

夹头间的距离不少于 $1.5\sqrt{S_0}$ ；L_t—试样总长度；S_0—平行长度的原始横截面积

1.3.3 加工工序及方法

（1）按标准要求检查验收样坯料，确认试样加工的位置。

（2）试样加工过程中应避免由于加工硬化或过热而影响材料的力学性能。

（3）采用锯切或是火焰切割等方式将管材剖开，去掉坯料的热影响区，将坯料加工成 $B \times L_t$ 大小的条形试样，宽度方向上保留 0.5mm 加工余量。B 与 L_t 的尺寸大小可根据表 1-6 中选用的试样编号进行计算。加工设备有带锯床、双带锯床、刨床、双面铣床等。

（4）使用数控双开肩铣床、立式铣床（配专用夹具）或刨床等加工设备，将试样加工成标准带头样或不带头样。b_0 和 L_0、L_c 应符合表 1-6 的要求。

（5）试样加工过程中的尺寸公差应符合表 1-7 的规定。

（6）本试样类型适用于管壁厚度大于 0.5mm 的管材。仲裁时使用带头试样。

表 1-7　管厚纵向弧形拉伸试样横向尺寸公差　　　　　　　　　　　　　　　　　（mm）

名　　称	名义横向尺寸	尺寸公差	形状公差
相对两面机加工的矩形横截面试样横向尺寸	≥3 ~ ≤6	±0.02	0.03
	>6 ~ ≤10	±0.03	0.04
	>10 ~ ≤18	±0.05	0.06
	>18 ~ ≤30	±0.10	0.12
	>30 ~ ≤50	±0.15	0.15

注：若试样的公差满足表 1-7，试样原始横截面积可以用名义值，否则必要对每个试样的尺寸进行实际测量。

1.4　管段试样（GB/T 228.1—2010）

1.4.1　试样图解及符号说明

管段试样图解及符号说明见图 1-4。

1.4.2　试样尺寸、编号及 L_0、L_c 规定

管段拉伸试样尺寸、编号及 L_0、L_c 规定见表 1-8。

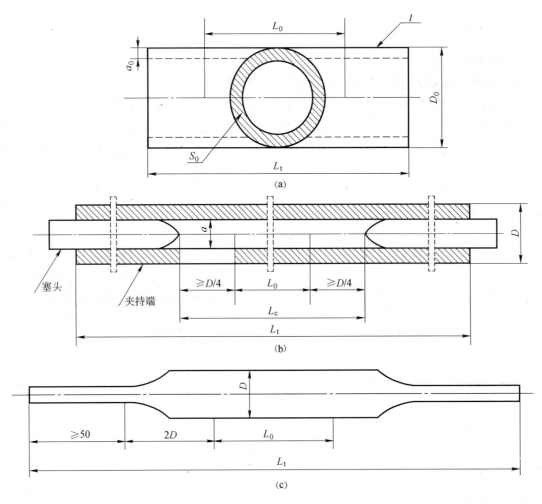

图 1-4 管段试样

（a）管段试样示意图；（b）管段试样塞头位置示意图；（c）管段试样的两夹持头部压扁示意图

a_0—原始管壁厚度；D_0—原始管外直径；L_0—原始标距；L_c—试样平行长度；

L_t—试样的总长度；S_0—平行长度的原始横截面积；l—夹持头部

表1-8　管段拉伸试样尺寸及编号

L_0/mm	L_c/mm	试 样 编 号
$5.65\sqrt{S_0}$	$L_c \geqslant L_0 + D/2$，仲裁试验：$L_0 + 2D$	S7
50	$\geqslant 100$	S8

1.4.3　加工工序及方法

（1）按标准要求检查验收样坯料。

（2）加工的塞头其形状应不妨碍标距内的变形，塞头至最接近的标距标记的距离不应小于 $D_0/4$，仲裁时此距离为 D_0。

（3）允许压扁管段试样两夹持头部，加或不加塞头，但仲裁试验不压扁，应加配塞头。

（4）根据夹持方式切取总长度为 L_t 试样，内外倒角。可用加工设备有带锯床、砂轮切割机等。

1.5　管壁厚度纵向圆形横截面试样（GB/T 228.1—2010）

1.5.1　试样图解及符号说明

管壁厚度纵向圆形横截面试样图解及符号说明见图1-5。

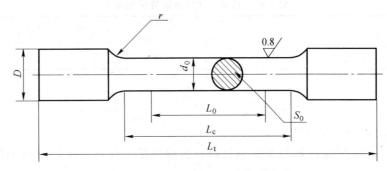

图1-5　管壁厚度纵向圆形横截面试样

d_0—圆试样平行长度的原始直径；D—夹持部分直径；r—过渡圆弧半径；L_0—试样原始标距；

L_c—试样平行长度；L_t—试样总长度；S_0—平行长度的原始横截面积

1.5.2　试样尺寸、编号及 L_0、L_c 规定

管壁厚度纵向圆形横截面试样尺寸、编号及 L_0、L_c 规定见表1-9。

相关产品标准应根据管壁厚度规定圆形横截面尺寸。如无具体规定时可按照表1-10选定试样类型编号。

表1-9　管厚纵向圆形横截面比例试样　　　　　　　　　　　　　　　　　　　　（mm）

d_0/mm	r/mm	$k = 5.65$			$k = 11.3$		
		L_0/mm	L_c/mm	试样编号	L_0/mm	L_c/mm	试样编号
25				R1			R01
20				R2			R02
15				R3			R03
10	$\geq 0.75 d_0$	$5d_0$	$\geq L_0 + d_0/2$ 仲裁试验: $L_0 + 2d$	R4	$10d_0$	$\geq L_0 + d_0/2$ 仲裁试验: $L_0 + 2d$	R04
8				R5			R05
6				R6			R06
5				R7			R07
3				R8			R08

表1-10　管厚纵向拉伸试样类型编号

管壁厚度/mm	8 ~ 13	>13 ~ 16	>16
采用试样	R7	R5	R4

1.5.3　加工工序及方法

（1）按标准检查验收坯料，确认试样加工的位置。

（2）试样加工过程中应避免由于加工硬化或过热而影响材料的力学性能。在矫直试样时应采用特别措施防止试样出现加工硬化现象。

（3）将管材剖开，制成 $D \times L_t$ 大小的圆形试样。可用加工设备有带锯床和车床等。D 与 L_t 的尺寸大小可根据表1-9和表1-10中的试样编号进行计算。

（4）使用车床将试样精车至 d_0，并留 0.5mm 加工余量，同时 L_0、L_c 也应符合表 1-9 的要求。

（5）使用外圆磨床将试样磨削成 d_0 和 L_0、L_c 符合表 1-9 要求的标准试样。

（6）试样加工过程中的尺寸公差应符合表 1-11 的规定。

（7）本试样类型适用于管壁厚度大于或等于 8mm 以上的管材。

表 1-11　管厚纵向拉伸试样横向尺寸公差　　　　　　　　　　（mm）

名　称	名义横向尺寸	尺寸公差	形状公差
机加工的圆形横截面直径	≥3 ~ ≤6	±0.02	0.03
	>6 ~ ≤10	±0.03	0.04
	>10 ~ ≤18	±0.05	0.04
	>18 ~ ≤30	±0.10	0.05

注：若试样的公差满足表 1-11，试样原始横截面积可以用名义值，否则必要对每个试样的尺寸进行实际测量。

1.6　金属薄板、薄带试样（GB/T 228.1—2010）

1.6.1　试样图解及符号说明

金属薄板、薄带试样图解及符号说明见图 1-6。

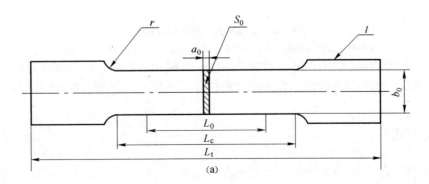

(a)

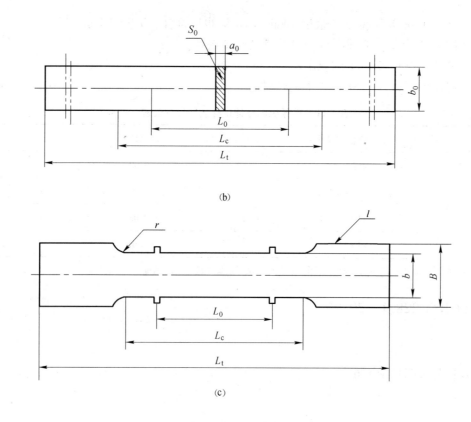

图 1-6　金属薄板、薄带拉伸试样

（a）带头试样示意图；（b）不带头试样示意图；（c）带凸耳试样示意图

a_0—试样原始厚度；b_0—试样平行长度的原始宽度；r—过渡圆弧半径≥20mm；L_0—试样原始标距；

L_c—试样平行长度；L_t—试样总长度；l—试样夹持头部宽度≥1.2b_0；S_0—平行长度的原始横截面积

1.6.2　试样尺寸、编号及 L_0、L_c 规定

金属薄板、薄带试样尺寸、编号及 L_0、L_c 规定见表 1-12 和表 1-13。

表 1-12 矩形横截面比例试样

b_0/mm	$k = 5.65$			$k = 11.3$		
	L_0/mm	L_c/mm	试样编号	L_0/mm	L_c/mm	试样编号
10		$\geq L_0 + b_0/2$ 仲裁试验: $L_0 + 2b_0$	P1		$\geq L_0 + b_0/2$ 仲裁试验: $L_0 + 2b_0$	P01
12.5	$5.65\sqrt{S_0} \geq 15$		P2	$11.3\sqrt{S_0} \geq 15$		P02
15			P3			P03
20			P4			P04

注: 1. 如相关产品标准无具体规定, 优先采用 $k = 5.65$ 的比例试样。

2. 若比例标距 $L_0 < 15$mm, 建议采用表 1-13 的非比例试样。

3. 如需要, 厚度 < 0.5mm 的试样在其平行长度上可带小凸耳, 以便装引伸计。

表 1-13 矩形横截面非比例试样

b_0/mm	L_0/mm	L_c/mm		试样编号
		带头	不带头	
12.5	50	75	87.5	P5
20	80	120	140	P6
25	50	100	120	P7

1.6.3 加工工序及方法

（1）按照标准要求检查验收坯料。

（2）将坯料加工成 $B \times L_t$ 大小的矩形样坯, 并留 0.5mm 加工余量。可用加工设备: 带锯床、刨床、铣床等。试样制备时应去除由于剪切或冲压而产生的加工硬化部分。

（3）使用数控双开肩铣床、立式铣床（配专用夹具）等设备, 将 $B \times L_t$ 样坯加工成 b_0、L_0 和 L_c 符合表 1-12 和表 1-13 要求的带头试样（亦称带肩试样）。对于宽度等于或小于 20mm 的产品, 试样宽度可以相同于产品宽度。

（4）也可使用冲床、带锯床、刨床、铣床等设备可将 $B \times L_t$ 样坯加工成符合标准要求的 $b_0 \times L_t$ 不带头试样, 并保证两夹头间的自由长度大于或等于 $L_0 + 3b_0$。当采用不带头试样时, 若产品标准没有具体规定时, 试样原始标距 L_0 应为 50mm。

（5）使用铣床、刨床或线切割机床或是光学曲线磨床或是用数控哑铃试样冲床直接加工成型的方式, 将 $B \times L_t$ 的矩形样坯制作成满足表 1-12 和表 1-13 要求的 $b_0 \times L_t$ 带凸耳试样, 上下两凸耳宽度中心线的距离就是试样的原始标距。

（6）对于十分薄的试样，将其切割成等宽度薄片并叠成一叠，薄片之间用油纸隔开，然后机加工至试样尺寸。试样棱边无毛刺，无倒角。

（7）机加工试样的尺寸公差和形状公差应符合表 1-14 的要求。

表 1-14　试样的尺寸公差和形状公差 （mm）

试样名义宽度	尺 寸 公 差	形 状 公 差
12.5	±0.05	0.06
20	±0.10	0.12
25	±0.10	0.12

注：如果试样的公差满足表 1-14，试样原始横截面积可以用名义值，而不必通过实际测量再计算。

1.7　金属棒材、线材、型材定标距试样（GB/T 228.1—2010）

1.7.1　试样图解及符号说明

金属棒材、线材、型材定标距试样图解及符号说明见图 1-7。

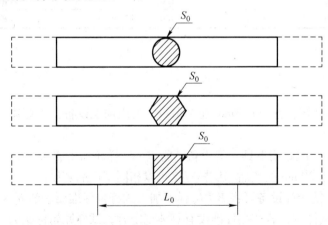

图 1-7　金属棒材、线材、型材定标距试样

S_0—平行长度的原始横截面积；L_0—试样原始标距；L_c—试验机两夹头间的试样长度

1.7.2 试样编号及 L_0、L_c 等的规定

金属棒材、线材、型材定标距试样编号及 L_0、L_c 等的规定见表1-15。

表1-15 非比例试样

d_0 或 a_0/mm	L_0/mm	L_c/mm	试样编号
≤4	100 ± 1	≥120	R9
	200 ± 2	≥220	R10

1.7.3 加工工序及方法

（1）按标准要求检查验收坯料。

（2）试样通常为产品的一部分，不经机加工。试样长度应根据检测项目或试验机夹头的长度来切取，为 $L_0 + 3b_0$ 或 $L_0 + 3d_0$，最小值为 $L_0 + 20\text{mm}$。可用加工设备为砂轮切割机、带锯床等。

（3）如以盘卷交货的产品，应仔细进行矫直避免过矫直现象发生。

（4）本试样类型适用于直径或厚度小于4mm线材、棒材和型材。

1.8 静态弹性模量和泊松比试样（GB/T 22315—2008）

1.8.1 试样图解及符号说明

静态弹性模量和泊松比试样图解及符号说明见图1-8。

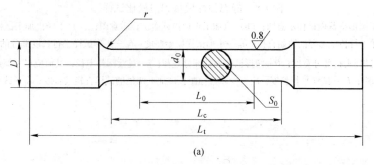

(a)

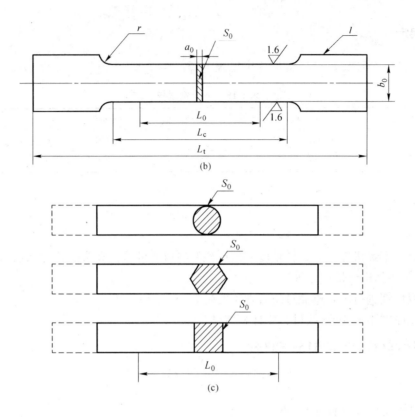

图 1-8 静态弹性模量和泊松比试样

（a）机加工圆形横截面试样示意图；（b）机加工矩形横截面试样示意图；（c）不经机加工试样示意图

d_0—圆形试样平行长度部分的原始直径；a_0—矩形试样原始厚度；b_0—矩形试样平行长度部分的原始宽度；

l—矩形试样夹持部分宽度；D—圆形试样夹持部分直径；r—过渡圆弧半径，其值应尽可能的大；

L_0—试样标距；L_c—试样平行长度，应至少超过标距长度加上两倍的试样直径或宽度；L_t—试样总长度

1.8.2 加工工序及方法

（1）按标准要求检查验收坯料。

（2）样坯切取的部位、方向和数量应按照有关标准或协议的规定或 GB/T 2975 的要求进行。试样加工过程中应避免由于加工硬化或过热而影响材料的力学性能。去掉坯料的热影响区或冷变形区。

（3）对于圆形截面的试样将坯料加工成 $D \times L_t$ 大小的圆形样坯。D 与 L_t 的尺寸大小可根据表 1-1 中的试样编号进行计算。使用的加工设备有带锯床、车床、空心钻床等。用车床精车上述毛坯样至 d_0，并留 0.5mm 加工余量，同时 L_0、L_c 也应符合表 1-1 的要求。使用外圆磨床将试样磨削成符合 d_0 和 L_0、L_c 要求的标准试样。试样表面粗糙度优于 0.8μm。试样加工过程中的尺寸公差应符合表 1-16 的规定。

（4）对于矩形截面的试样将坯料加工成 $B \times L_t$ 大小的矩形样坯。可用加工设备有带锯床、车床等。宽度方向上保留 0.5mm 加工余量。B 与 L_t 的尺寸大小可根据表 1-3、表 1-4 和表 1-12、表 1-13 中选用的试样编号进行计算。加工设备有带锯床、双带锯床、刨床、双面铣床等。制备带肩试样可使用数控双开肩铣床或配有专用夹具的立式铣床，将上述样坯加工成符合 b_0 和 L_0、L_c 要求的标准试样。试样表面粗糙度优于 1.6μm。试样加工过程中的尺寸公差应符合表 1-17 的规定。

（5）对于试样头部带承载销孔的矩形截面拉伸试样，销孔应表面光滑，销孔中心与标距部分的宽度的中心线偏离应不大于标距部分宽度的 0.005 倍。

（6）对于不经机加工的试样，试样通常为产品的一部分。试样长度应根据试验机夹头的长度及表 1-15 的规定来切取，可用加工设备为砂轮切割机、带锯床等。

表 1-16　机加工圆形横截面试样公差　　　　　　　　　　　　　　　　　　　　　　　　　　　　　　　（mm）

名　称	名义横向尺寸	尺寸公差	形状公差
机加工的圆形横截面直径	3	±0.05	0.02
	>3 ~6	±0.06	0.03
	>6 ~10	±0.07	0.04
	>10 ~18	±0.09	0.04
	>18 ~30	±0.10	0.05

表 1-17　相对两面机加工的矩形横截面试样公差　　　　　　　　　　　　　　　　　　　　　　　　　（mm）

名　称	名义横向尺寸	尺寸公差	形状公差
相对两面机加工矩形横截面试样横向尺寸	3	±0.1	0.05
	>3 ~6		
	>6 ~10	±0.2	0.1
	>10 ~18		
	>18 ~30	±0.5	0.2
	>30 ~50		

第2章 金属材料 高温拉伸试样

2.1 薄板试样(厚度0.1~<3mm 的薄板、带和扁材)(GB/T 4338—2006)

2.1.1 试样图解及符号说明

薄板试样（厚度0.1~<3mm 的薄板、带和扁材）图解及符号说明见图2-1。

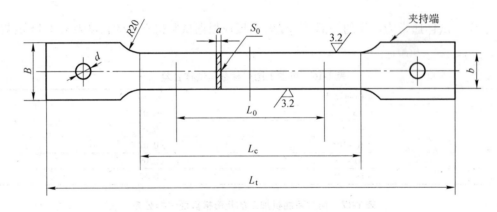

图2-1 薄板试样

a—试样厚度；b—试样工作段宽度；B—夹持端宽度；L_0—试样标距；L_c—试样平行长度；

L_t—试样总长度；d—加载销钉孔直径；$R20$—过渡圆弧半径

2.1.2 试样尺寸、编号及规定

薄板试样尺寸、编号及规定见表2-1。

表 2-1　薄板矩形横截面非比例高温拉伸试样
（mm）

宽度 b	夹持端宽度 B	原始标距 L_0	平行长度 L_c	总长度 L_t	销钉孔直径 d
6	20	25	40	125	8
12.5	20	50	75	155	10
20	35	80	120	200	12

注：对于平推夹具或直接夹持的试验机可以不加工销钉孔。

2.1.3　加工工序及方法

（1）试样的制备应不影响金属材料的力学性能。应通过机加工方法去除由于剪切或冲压而产生的硬化部分，机加工过程中应避免加工硬化或过热。

（2）对很薄（厚度小于 0.5mm）的试样应切割成等宽度薄片并将其叠成一叠，每片之间用耐切割油纸隔开，每叠两侧夹较厚的金属条带，之后将整叠机加工至试样尺寸。

（3）试样加工过程中的尺寸公差应符合表 2-2 的规定。

（4）本试样类型适用于厚度大于 0.1mm 小于 3mm 的带材、板材和扁材。

表 2-2　薄板矩形横截面非比例高温拉伸试样公差
（mm）

试样标称宽度	尺 寸 公 差	形 状 公 差
6	±0.1	0.03
12.5	±0.2	0.04
20	±0.5	0.05

2.2　等截面产品试样（直径或厚度小于 4mm 的线材、棒材和型材）（GB/T 4338—2006）

2.2.1　试样图解及符号说明

等截面产品试样图解及符号说明见图 2-2。

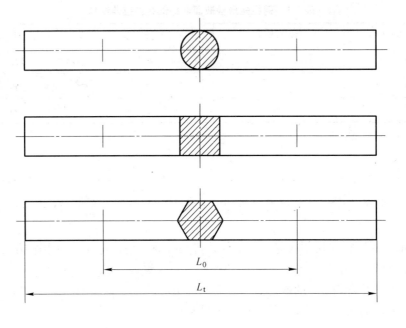

图 2-2　等截面产品试样

L_0—试样标距；L_t—试样总长度

2.2.2　加工工序及方法

（1）试样通常为产品的一部分，不需要机加工。

（2）试样长度为 200mm 或 100mm。除小直径线材在两夹头之间的距离可以等于 L_0 的情况外，试验机两夹头间的距离应至少为 L_0 + 50mm，即为 250mm 或 150mm。若不测量断后伸长率，夹头之间的最小距离可以为 50mm。试样总长度根据试验机的夹头而定，试样头部仅为示意性。

（3）对以盘卷交货的产品，应仔细进行矫直。

（4）本试样类型适用于直径或厚度小于 4mm 的线材、棒材和型材。

（5）盘卷形线材在矫直时应仔细矫直，避免过矫直现象发生。

2.3 圆形和矩形横截面带头比例试样(GB/T 4338—2006)

2.3.1 试样图解及符号说明

圆形和矩形横截面带头比例试样图解及符号说明见图2-3。

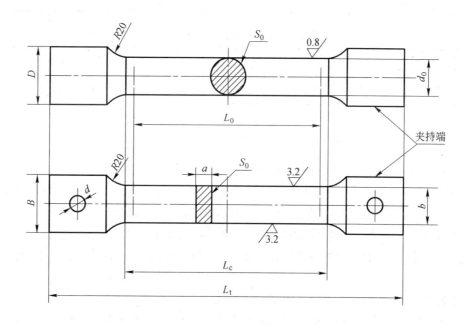

图2-3 圆形和矩形横截面带头比例试样

d_0—圆形试样直径；D—圆形试样夹持端尺寸；a—矩形试样厚度；b—矩形试样宽度；B—矩形试样夹持端宽度；

L_0—试样标距$=kd$，k为比例系数；L_c—试样平行长度；L_t—试样总长度；$R20$—过渡圆弧半径

2.3.2 试样尺寸、编号及规定

圆形和矩形横截面带头比例试样尺寸、编号及规定见表2-3和表2-4。

表 2-3　圆形横截面比例试样 （mm）

直径 d_0	夹持端尺寸 D	原始标距 L_0	平行长度 L_c	总长度 L_t
10	M16	50	60	140
6.5	M12	30	35	105
5	M12 或 M10	25	30	75
3	M6	15	20	65

表 2-4　矩形横截面非比例试样 （mm）

宽度 b	夹持端宽度 B	原始标距 L_0	平行长度 L_c	总长度 L_t	销钉孔直径 d
12.5	25	50	75	155	10
20	35	80	120	200	12

2.3.3　加工工序及方法

（1）试样加工过程中应避免由于加工硬化或过热而影响材料的力学性能。

（2）去掉坯料的热影响区或冷变形区，圆形截面试样将坯料加工成 $D \times L_t$ 大小的圆形毛坯，矩形截面试样将坯料加工成 $B \times L_t$ 大小矩形毛坯。可用加工设备有带锯床、车床等。若毛坯需热处理，转热处理工序进行处理。

（3）将上述的毛坯样精车成留有 0.5mm 加工余量的试样。圆弧 $R20$ 与工作段（平行长度）的连接应圆滑。

（4）使用外圆磨床将试样加工成符合标准要求的标准试样。圆形截面试样表面粗糙度优于 $0.8\mu m$；矩形截面试样表面粗糙度优于 $3.2\mu m$。

（5）试样加工过程中的尺寸公差应符合表 2-5、表 2-6 和表 2-7 的规定。

（6）本试样类型适用于厚度大于或等于 3mm 以上的板材和扁材及直径或厚度大于或等于 4mm 以上的线材、棒材和型材。

表 2-5　圆形截面试样直径公差 （mm）

试样类型	试样直径	尺寸公差	形状公差
圆形截面	3	±0.05	0.03
	5	±0.06	0.03
	6.5	±0.07	0.04
	10	±0.07	0.04

表 2-6　矩形截面试样宽度公差 　　　　　　　　　　　　　　　（mm）

试样类型	试样宽度	尺寸公差	形状公差
矩形截面	12.5	±0.2	0.1
	20	±0.5	0.2

表 2-7　矩形截面试样厚度公差 　　　　　　　　　　　　　　　（mm）

试样类型	试样宽度	尺寸公差	形状公差
矩形截面	3	±0.1	0.05
	>3 ~ ≤6	±0.1	0.05

2.4　管段试样（GB/T 4338—2006）

2.4.1　试样图解及符号说明

管段试样图解及符号说明见图 2-4。

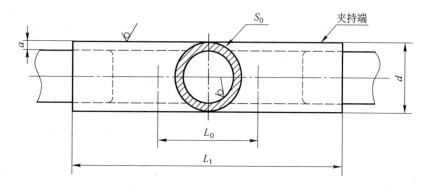

图 2-4　管段试样

L_0—试样标距；L_t—试样总长度；d—试样外径；a—圆管壁厚

2.4.2　加工工序及方法

（1）试样通常为产品的一部分，试样工作段不需要机加工。试样标距长度为100mm，试样总长度为220mm。

（2）试样两端应加以塞头，塞头长度为55mm，直径为 $d-2a$，试样两端应间隙配合塞头，接近标距的一端应为子弹头状，其长度大于 $d/4$。

2.5　管材纵向弧形试样（管壁厚度 >0.5mm）（GB/T 4338—2006）

2.5.1　试样图解及符号说明

管材纵向弧形试样图解及符号说明见图2-5。

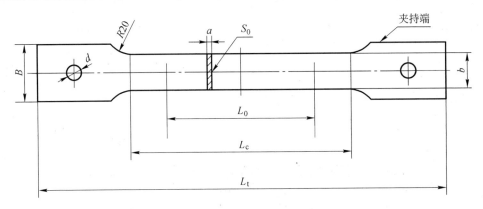

图2-5　管材纵向弧形试样

a—试样厚度；b—试样工作段宽度；B—夹持端宽度；d—夹持端加载孔直径；

L_0—试样标距；L_c—试样平行长度；L_t—试样总长度；$R20$—过渡圆弧半径

2.5.2　试样尺寸、编号及规定

管材纵向弧形试样尺寸、编号及规定见表2-8。

表 2-8　管材纵向弧形矩形横截面非比例试样 （mm）

宽度 b	夹持端宽度 B	销钉孔直径 d	原始标距 L_0	平行长度 L_c	总长度 L_t
12.5	20	10	50	75	155
20	35	12	80	120	200

2.5.3　加工工序及方法

（1）试样的制备应不影响金属材料的力学性能。应通过机加工方法去除由于剪切或冲压而产生的硬化部分，机加工过程中应避免加工硬化或过热。

（2）试样加工过程中的尺寸公差应符合表 2-9 的规定。圆弧 $R20$ 与工作段（平行长度）的连接应圆滑。

（3）本试样类型适用于壁厚度大于 0.5mm 管材。

表 2-9　管材纵向弧形矩形横截面非比例试样公差 （mm）

试样标称宽度	尺　寸　公　差	形　状　公　差
12.5	±0.2	0.04
20	±0.5	0.05

第3章 金属材料 厚度方向性能试样

3.1 带延伸部分试样(GB/T 5313—2010)

3.1.1 试样图解及符号说明

带延伸部分试样图解及符号说明见图3-1。

3.1.2 试料厚度与直径的对应关系

带延伸部分试料厚度与直径的对应关系见表3-1。

表3-1 带延伸部分厚度性能拉伸试样尺寸 (mm)

钢板厚度 t	试样直径 d_0
$15 < t \leqslant 25$	6 或 10
$t > 25$	10

3.1.3 加工工序及方法

（1）按标准检查验收试料。

（2）将试料加工成 $15\,mm \times 15\,mm \times t\,mm$ 方形样坯。可用加工设备带锯床。

（3）在样坯厚度方向的两面分别焊接延伸杆，推荐用 $\phi 14 \sim 20\,mm$ 的圆条作为延伸部分。焊接方式以摩擦焊为主，也可用手工焊，但任何焊接方法都应使热影响区最小，且不得使热影响区进入平行长度内（即热影响区在 L_c 以外），焊接时还要注意焊后两延伸杆基本对中（即在一条直线上）。可用加工设备摩擦焊机。

（4）将焊接的样坯在车床上进行粗车和精车，将其加工成标准试样。试样平行长度为 $L_c \geqslant 1.5 d_0$，不超过 $80\,mm$，过渡圆弧半径 $R \geqslant 2\,mm$。试样总长度当 $L_t \leqslant 80\,mm$ 时，$L_t = t$。

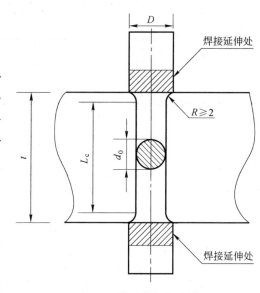

图3-1 带延伸部分试样

t—试料厚度；d_0—试样直径；D—夹持部分直径；

R—过渡圆弧半径；S_0—试样横截面积；

L_c—试样平行长度；L_t—试样总长度

（5）试样加工尺寸公差见表3-2。试样表面粗糙度一般不劣于0.8μm。

表3-2　带延伸部分厚度性能拉伸试样尺寸公差　　　　　　　　　（mm）

名　　称	标称横向尺寸	尺寸公差	形状公差
机加工的圆形	6	±0.02	0.03
横截面直径	10	±0.03	0.04

3.2　不带延伸部分试样（20mm≤t≤80mm）（GB/T 5313—2010）

3.2.1　试样图解及符号说明

不带延伸部分试样（20mm≤t≤80mm）图解及符号说明见图3-2。

3.2.2　试料厚度与试样直径的对应关系

不带延伸部分试料厚度与试样直径的对应关系见表3-3。

表3-3　不带延伸部分厚度性能拉伸试样尺寸　　（mm）

试料厚度 t	试样直径 d_0
20≤t≤40	6 或 10
40<t≤80	10

3.2.3　加工工序及方法

（1）按标准检查验收试料。

（2）将试料从试料厚度方向加工成15mm×15mm×t mm方形样坯。可用加工设备带锯床。

（3）将15mm×15mm×t mm方形样坯在车床上进行粗车和精车，将其加工成标准试样。试样平行长度L_c≥1.5d_0，不超过80mm，过渡圆弧半径R≥2mm，试样总长度当L_t≤80mm时，$L_t=t$。

（4）试样横向尺寸公差见表3-4。试样表面粗糙度一般不劣于0.8μm。

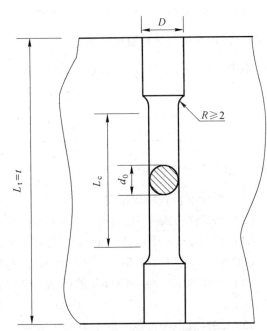

图3-2　不带延伸部分试样（20mm≤t≤80mm）

t—试料厚度；d_0—试样直径；D—夹持部分直径；R—过渡圆弧半径，R≥2；S_0—试样横截面积，$S_0=1/4$ πd_0^2；L_c—试样平行长度，L_c≥1.5d_0，不超过80mm；L_t—试样总长度，对于L_t≤80mm，$L_t=t$

表 3-4　不带延伸部分厚度性能拉伸试样尺寸公差

表 3-4　不带延伸部分厚度性能拉伸试样尺寸公差　　　　　　　　　　　　（mm）

名　称	标称横向尺寸	尺寸公差	形状公差
机加工的圆形	6	±0.02	0.03
横截面直径	10	±0.03	0.04

3.3　不带延伸部分试样（80mm < t ≤ 400mm）（GB/T 5313—2010）

3.3.1　试样图解及符号说明

不带延伸部分试样（80mm < t ≤ 400mm）图解及符号说明见图 3-3。

3.3.2　试料厚度与试样直径范围

不带延伸部分试料厚度与试样直径范围见表 3-5。

表 3-5　不带延伸部分试样尺寸　　　　　　（mm）

钢板厚度 t	试样直径 d_0
80 < t ≤ 400	10

3.3.3　加工工序及方法

（1）按标准检查验收试料。

（2）将试料从试料厚度方向加工成 15mm×15mm×t mm 方形样坯。可用加工设备带锯床。

（3）将 15mm×15mm×t mm 方形样坯在车床上进入粗车和精车，将其加工成标准试样。试样平行长度 L_c ≥ 1.5d_0 不超过 80mm，过渡圆弧半径 R ≥ 2mm。

（4）对于 80mm < t ≤ 400mm 的产品，试样总长 L_t 和平行长度 L_c 应取在产品厚度的 1/4 位置。

（5）试样表面粗糙度一般不劣于 0.8μm。

（6）试样尺寸公差及形状公差见表 3-6。

表 3-6　不带延伸部分试样公差及形状公差　　　　　（mm）

名　称	标称横向尺寸	尺寸公差	形状公差
机加工的圆形横截面直径	10	±0.03	0.04

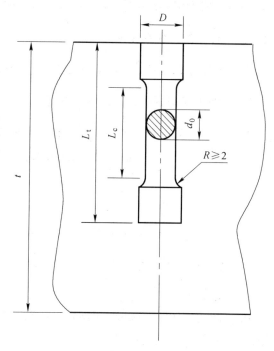

图 3-3　不带延伸部分试样（80mm < t ≤ 400mm）

t—试料厚度；d_0—试样直径；D—夹持部分直径；

R—过渡圆弧半径；S_0—试样横截面积；

L_c—试样平行长度

第4章 金属材料 薄板和薄带(r 值)和(n 值)试样

4.1 r 值带肩试样(GB/T 5027—2007)

4.1.1 试样图解及符号说明

薄板和薄带(r 值)和(n 值)试样图解及符号说明见图 4-1。

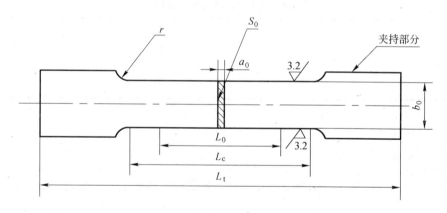

图 4-1 r 值带肩试样

a_0—试样的原始厚度；b_0—试样的原始宽度；r—过渡圆弧半径≥20mm；L_0—原始标距；
L_c—试样平行长度；L_t—试样总长度；S_0—原始横截面积

4.1.2 试样尺寸、编号及 L_0、L_c 规定

薄板和薄带(r 值)和(n 值)试样尺寸、编号及 L_0、L_c 规定见表 4-1 和表 4-2。

表 4-1　矩形横截面比例试样

b_0/mm	$k = 5.65$			$k = 11.3$		
	L_0/mm	L_c/mm	试样编号	L_0/mm	L_c/mm	试样编号
10		$\geqslant L_0 + b_0/2$ 仲裁试验：$L_0 + 2b_0$	P1		$\geqslant L_0 + b_0/2$ 仲裁试验：$L_0 + 2b_0$	P01
12.5	$5.65\sqrt{S_0} \geqslant 15$		P2	$11.3\sqrt{S_0} \geqslant 15$		P02
15			P3			P03
20			P4			P04

注：1. 相关产品标准无具体规定，优先采用 $k = 5.65$ 的比例试样，k 为比例系数。

2. 若比例标距 $L_0 < 15\text{mm}$，建议采用表 4-2 的非比例试样。

表 4-2　矩形横截面非比例试样

b_0/mm	L_0/mm	L_c/mm	试样编号
12.5	50	75	P5
20	80	120	P6

4.1.3　加工工序及方法

（1）按标准要求检查验收坯料。

（2）检查并确认试样坯料轧制方向、试样加工方向及加工位置。制备试样应不影响其力学性能，应通过机加工方法去除由于剪切或冲压而产生的加工硬化部分材料。

（3）将坯料加工成 $B(20 \sim 40\text{mm}) \times L_t$ 大小的矩形样坯。可用加工设备有刨床、铣床等。

（4）使用数控双开肩铣床、立式铣床（配专用夹具）等加工设备，将上述样坯加工成 b_0 符合表 4-1 和表 4-2 要求的标准带头样（亦称试样开肩），同时亦应保证 L_0 和 L_c 的尺寸。在标距范围内试样两边要足够平行，以保证任意两处宽度测量的差值小于宽度测量平均值的 0.1%。试样表面粗糙度不小于 3.2μm。

（5）对于十分薄的材料，建议用数控哑铃试样冲床直接加工成型或将其切割成等宽度薄片并叠成一叠，薄片之间用油纸隔开，每叠两侧夹以较厚薄片，然后将整叠机加工至试样尺寸。

（6）试样横向尺寸公差应符合表 4-3 的规定。

表 4-3　试样横向尺寸公差 （mm）

试样标称宽度	尺寸公差	形 状 公 差	
		一般试验	仲裁试验
10	±0.2	0.1	0.04
12.5			
15			
20	±0.5	0.2	0.05

4.2　r 值不带肩试样（GB/T 5027—2007）

4.2.1　试样图解及符号说明

r 值不带肩试样图解及符号说明见图 4-2。

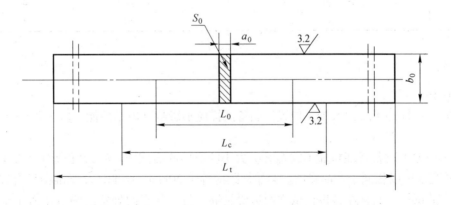

图 4-2　r 值不带肩试样

a_0—试样的原始厚度；b_0—试样宽度；L_0—原始标距；L_c—试验机两夹头间自由长度；

L_t—试样总长度；S_0—原始横截面积

4.2.2 试样尺寸、编号及 L_0、L_c 规定

r 值不带肩试样尺寸、编号及 L_0、L_c 规定见表 4-4 和表 4-5。

表 4-4 矩形横截面比例试样

b_0/mm	$k = 5.65$			$k = 11.3$		
	L_0/mm	L_c/mm	试样编号	L_0/mm	L_c/mm	试样编号
10			P1			P01
12.5	$5.65\sqrt{S_0} \geqslant 15$	$L_0 + 3b$	P2	$11.3\sqrt{S_0} \geqslant 15$	$L_0 + 3b_0$	P02
15			P3			P03
20			P4			P04

注：1. 如相关产品标准无具体规定，优先采用 $k = 5.65$ 的比例试样。

2. 若比例标距 $L_0 < 15\text{mm}$，建议采用表 4-5 的非比例试样。

表 4-5 矩形横截面非比例试样

b_0/mm	L_0/mm	L_c/mm	试样编号
12.5	50	87.5	P5
20	80	140	P6

4.2.3 加工工序及方法

（1）按标准要求检查验收坯料。

（2）确认试样坯料轧制方向、试样加工方向及加工位置。制备试样应不影响其力学性能，应去除由于剪切或冲压而产生的加工硬化部分材料。

（3）使用刨床、铣床或冲床等加工设备将坯料加工成 $b_0 \times L_t$ 大小的矩形截面试样。b_0 尺寸应符合表 4-4 和表 4-5 的要求。对于宽度等于或小于 20mm 的产品，试样宽度可以相同于产品宽度。原始标距应等于 50mm，除非产品标准中另有规定。

（4）对于加工符合标准要求的试样，其标距范围内试样两边要足够平行，任意两处宽度测量差值小于宽度平均值 0.1%，试样表面粗糙度不小于 3.2μm。

（5）对于十分薄的材料，建议将其切割成等宽度薄片并叠成一叠，薄片之间用油纸隔开，每叠两侧夹以较厚薄片，然后将整叠机加工至要求的试样尺寸。

（6）试样横向尺寸公差应符合表4-6的规定。

表4-6　r值不带肩试样宽度公差 　　　　　　　　　　　　　　　　　　（mm）

试样标称宽度	尺寸公差	形 状 公 差	
		一般试验	仲裁试验
10			
12.5	±0.2	0.1	0.04
15			
20	±0.5	0.2	0.05

4.3　r值带凸耳试样（GB/T 5027—2007）

4.3.1　试样图解及符号说明

r值带凸耳试样图解及符号说明见图4-3。

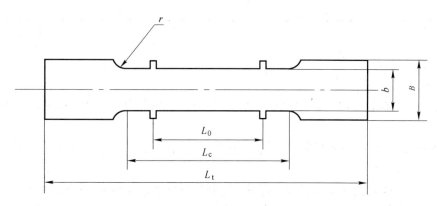

图4-3　r值带凸耳试样

a_0—试样的原始厚度；b_0—试样的原始宽度；r—过渡圆弧半径≥20mm；L_0—原始标距；

L_c—试样平行长度；L_t—试样总长度；S_0—原始横截面积

4.3.2 试样尺寸、编号及 L_0、L_c 规定

r 值带凸耳试样尺寸、编号及 L_0、L_c 规定见表 4-7 和表 4-8。

表 4-7 矩形横截面比例试样

b_0/mm	$k = 5.65$			$k = 11.3$		
	L_0/mm	L_c/mm	试样编号	L_0/mm	L_c/mm	试样编号
10		$\geqslant L_0 + b_0/2$	P1		$\geqslant L_0 + b_0/2$	P01
12.5	$5.65\sqrt{S_0} \geqslant 15$	仲裁试验:	P2	$11.3\sqrt{S_0} \geqslant 15$	仲裁试验:	P02
15		$L_0 + 2b_0$	P3		$L_0 + 2b_0$	P03
20			P4			P04

注：1. 如相关产品标准无具体规定，优先采用 $k = 5.65$ 的比例试样。
    2. 若比例标距 $L_0 < 15$mm，建议采用表 4-8 的非比例试样。

表 4-8 矩形横截面非比例试样

b_0/mm	L_0/mm	L_c/mm	试样编号
12.5	50	75	P5
20	80	120	P6

4.3.3 加工工序及方法

（1）按标准要求检查验收坯料。

（2）确认试样坯料轧制方向、试样加工方向及加工位置。制备试样应不影响其力学性能，应通过机加工方法去除由于剪切或冲压而产生的加工硬化部分材料。

（3）将坯料加工成 $B(20 \sim 40\text{mm}) \times L_t$ 大小的矩形样坯。可用加工设备有刨床、铣床或冲床等。对于宽度等于或小于20mm的产品，试样宽度可以相同于产品宽度。

（4）使用铣床、刨床或线切割机床或是光学曲线磨床，将 $B \times L_t$ 的矩形样坯制作成 b_0 符合表 4-7 和表 4-8 要求的带凸耳试样，两凸耳间中心距离即是试样的原始标距。或者是用数控哑铃试样冲床直接将样坯加工成型。试样标距范围内的试样两边要足够平行，以保证任意两处宽度测量的差值小于宽度测量平均值的 0.1%，试样表面粗糙度不小于 $3.2\mu\text{m}$。

（5）对于十分薄的材料，可以将多个毛坯试料先切割成等宽度的薄片，将这些薄片叠成一叠，薄片之间用油纸隔开，每叠两侧夹以

较厚薄片，然后将整叠机加工至要求的试样尺寸。

（6）试样尺寸公差及形状公差见表4-9。

表 4-9　试样尺寸公差和形状公差　　　　　　　　　　　　　　　　　（mm）

试样标称宽度	尺寸公差	形 状 公 差	
		一般试验	仲裁试验
10	±0.2	0.1	0.04
12.5			
15			
20	±0.5	0.2	0.05

4.4　n 值带肩试样（GB/T 5028—2008）

4.4.1　试样图解及符号说明

n 值带肩试样图解及符号说明见图4-4。

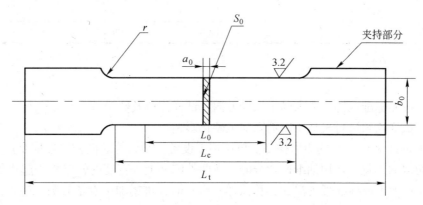

图 4-4　n 值带肩试样

a_0—试样的原始厚度；b_0—试样的原始宽度；r—过渡圆弧半径≥20mm；L_0—原始标距；

L_c—试样平行长度；L_t—试样总长度；S_0—原始横截面积

4.4.2 试样尺寸、编号及 L_0、L_c 规定

n 值带肩试样尺寸、编号及 L_0、L_c 规定见表 4-10 和表 4-11。

表 4-10 矩形横截面比例试样

b_0/mm	$k = 5.65$			$k = 11.3$		
	L_0/mm	L_c/mm	试样编号	L_0/mm	L_c/mm	试样编号
10			P1			P01
12.5	$5.65\sqrt{S_0} \geqslant 15$	$\geqslant L_0 + b_0/2$ 仲裁试验: $L_0 + 2b_0$	P2	$11.3\sqrt{S_0} \geqslant 15$	$\geqslant L_0 + b_0/2$ 仲裁试验: $L_0 + 2b_0$	P02
15			P3			P03
20			P4			P04

注：1. 如相关产品标准无具体规定，优先采用 $k = 5.65$ 的比例试样。

2. 若比例标距 $L_0 < 15mm$，建议采用表 4-11 的非比例试样。

表 4-11 矩形横截面非比例试样

b_0/mm	L_0/mm	L_c/mm	试样编号
12.5	50	75	P5
20	80	120	P6

4.4.3 加工工序及方法

（1）按照标准检查验收坯料。按照标准或协议要求确定取样方向、试样部位及数量。

（2）试样毛坯必须单个切取。试样均须进行机加工以消除加工硬化影响。

（3）将坯料加工成 $B(20 \sim 40mm) \times L_t$ 大小的矩形样坯。可用加工设备：刨床等。试样厚度应是产品的全厚度。

（4）对于极薄试样，建议将切取的等宽毛坯用油纸逐片分隔，在两外侧夹上等宽度的较厚板一起机加工，直至达到表 4-10 和表 4-11 中对 b_0、L_0、L_c 的尺寸要求。试样在加工成标准带头样（亦称试样开肩）时，可用加工设备有数控哑铃试样冲床、数控双开肩铣床、立式铣床（配专用夹具）、刨床等。

（5）试样表面粗糙度不小于 $3.2\mu m$，试样表面不应有划伤等缺陷。

（6）试样横向尺寸公差应符合表 4-12 的规定。

表 4-12　试样横向尺寸公差 （mm）

试样标称宽度	尺寸公差	形 状 公 差	
		一般试验	仲裁试验
10	±0.2	0.1	0.04
12.5			
15			
20	±0.5	0.2	0.05

4.5　n 值不带肩试样（GB/T 5028—2008）

4.5.1　试样图解及符号说明

n 值不带肩试样图解及符号说明见图 4-5。

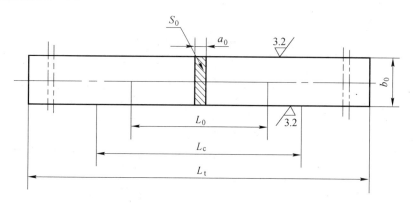

图 4-5　n 值不带肩试样

a_0—试样的原始厚度；b_0—试样的原始宽度；L_0—原始标距；L_c—试验机两夹头间自由长度；

L_t—试样总长度；S_0—原始横截面积

4.5.2　试样尺寸、编号及 L_0、L_c 规定

n 值不带肩试样尺寸、编号及 L_0、L_c 规定见表 4-13 和表 4-14。

表 4-13 矩形横截面比例试样

b_0/mm	$k=5.65$			$k=11.3$		
	L_0/mm	L_c/mm	试样编号	L_0/mm	L_c/mm	试样编号
10			P1			P01
12.5	$5.65\sqrt{S_0} \geq 15$	$L_0 + 3b_0$	P2	$11.3\sqrt{S_0} \geq 15$	$L_0 + 3b_0$	P02
15			P3			P03
20			P4			P04

注：1. 如相关产品标准无具体规定，优先采用 $k=5.65$ 的比例试样。

2. 若比例标距 $L_0 < 15$mm，建议采用表 4-14 的非比例试样。

表 4-14 矩形横截面非比例试样

b_0/mm	L_0/mm	L_c/mm	试样编号
12.5	50	87.5	P5
20	80	140	P6

4.5.3 加工工序及方法

（1）检查验收坯料，按照标准或协议确定取样方向、试样部位及数量。

（2）试样毛坯应单个切取，试样加工应消除加工硬化影响且不产生过热。

（3）将坯料加工成 $b_0 \times L_t$ 大小的矩形试样，b_0 的尺寸要求应符合表 4-13 和表 4-14 的规定。可用加工设备：冲床、刨床、铣床等。试样在标距范围内的两个边要足够平行，以保证任意两处宽度测量的差值小于宽度测量平均值的 0.1%。对于宽度等于或小于 20mm 的产品，试样宽度可以相同于产品宽度，原始标距应等于 50mm，除非产品标准中另有规定。试样厚度应是产品的全厚度。

（4）对于极薄试样，建议将切取的等宽毛坯用油纸逐片分隔，在两外侧夹上等宽度的较厚板一起机加工，直至达到所要求的尺寸。

可用加工设备：刨床、冲床、铣床等。

（5）试样横向尺寸公差应符合表 4-15 的规定。试样表面不应有划伤等缺陷，粗糙度不小于 3.2μm。

表 4-15　试样横向尺寸公差

（mm）

试样标称宽度	尺寸公差	形 状 公 差	
		一般试验	仲裁试验
10	±0.2	0.1	0.04
12.5			
15			
20	±0.5	0.2	0.05

第5章　金属材料　铸铁拉伸试样

5.1　灰铸铁拉伸标准试样 A 型（GB/T 977—1984）

5.1.1　试样图解及符号说明

灰铸铁拉伸标准试样 A 型图解及符号说明见图5-1。

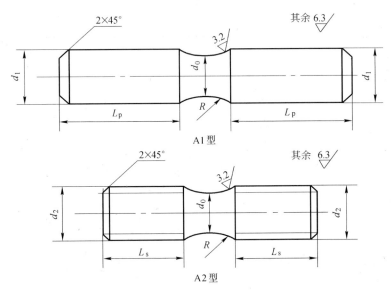

图5-1　灰铸铁拉伸标准试样 A 型

d_0—试样直径；R—圆弧半径；d_1—圆柱状夹持端最小直径；L_p—圆柱状夹持端最小长度；

d_2—螺纹状夹持端螺纹直径与螺纹距；L_s—螺纹状夹持端最小长度

5.1.2 加工工序及方法

试样毛坯为 $\phi30mm$ 的单铸试棒，单铸试棒加工尺寸见表 5-1。

传统加工工序：

（1）按 GB/T 9439 规定的取样部位和尺寸要求用砂轮切割机截取试样。

（2）在试样两端打中心孔。粗车外圆 $\phi25mm$，试样长度根据 A1 型或是 A2 型的夹持长度来确定。粗车圆弧半径 R25 和 d_0 试样直径至 21mm，倒角 $2\times45°$。

（3）用外圆磨床精磨 R25 和试样直径 d_0 至 $\phi20mm\pm0.25mm$。

新加工工序：

（1）根据 A1 型或是 A2 型试样夹持长度利用带锯床切取试样长度并打上标识。

（2）使用 C620 车床，按图纸标注的尺寸加工到位，R25 处按样板加工外表用砂纸磨光。

表 5-1　单铸试棒加工的试样尺寸　　　　　　　　　　　　　　　　　　　（mm）

名　　称			尺　　寸	加工公差
试样直径 d_0			20	±0.25
圆弧半径 R			25	0 ~ +5
夹持端	圆柱状	最小直径 d_1	25	
		最小长度 L_p	65	
	螺纹状	螺纹直径与螺纹距 d_2	M30×3.5	
		最小长度 L_s	30	

5.2　灰铸铁拉伸试样标准样 B 型（GB/T 977—1984）

5.2.1　试样图解及符号说明

灰铸铁拉伸试样标准样 B 型图解及符号说明见图 5-2。

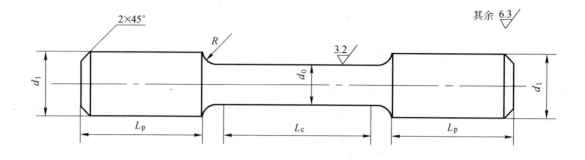

B1型

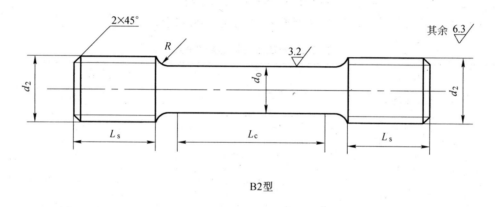

B2型

图 5-2　灰铸铁拉伸试样标准样 B 型

d_0—试样直径；L_c—试样最小的平行段长度；R—圆弧半径；d_1—圆柱状夹持端最小直径；L_p—圆柱状夹持端最小长度；

d_2—螺纹状夹持端螺纹直径与螺纹距；L_s—螺纹状夹持端最小长度

5.2.2　加工工序及方法

试样毛坯为 $\phi30mm$ 的单铸试棒，单铸试棒加工尺寸见表5-2。

传统加工工序：

（1）按 GB/T 9439 规定的取样部位和尺寸要求用砂轮切割机截取试样。

（2）在试样两端打中心孔。粗车外圆 $\phi 25mm$，试样长度根据 B1 型或是 B2 型的夹持长度来确定。粗车圆弧半径 $R25$ 和 d_0 试样直径至 $21mm$，倒角 $2 \times 45°$。

（3）用外圆磨床精磨 $R25$ 和试样直径 d_0 至 $\phi 20mm \pm 0.25mm$。

新加工工序：

（1）根据 A1 型或是 A2 型试样夹持长度利用带锯床切取试样长度并打上标识。

（2）使用 C620 车床，按图纸标注的尺寸加工到位，外表面用砂纸磨光。

表 5-2　单铸试棒加工的试样尺寸　　　　　　　　　　　　　　（mm）

名　称			尺　寸	加工公差
最小的平行段长度 L_c			60	—
试样直径 d_0			20	± 0.25
圆弧半径 R			25	0 ~ +5
夹持端	圆柱状	最小直径 d_1	25	—
		最小长度 L_p	65	—
	螺纹状	螺纹直径与螺纹距 d_2	M30 × 3.5	—
		最小长度	30	—

5.3　灰铸铁拉伸试样辅助样（GB/T 977—1984）

5.3.1　试样图解及符号说明

灰铸铁拉伸试样辅助样图解及符号说明见图 5-3。

5.3.2　加工工序及方法

试样毛坯为 $\phi 30mm$ 的单铸试棒，单铸试棒加工尺寸见表 5-3。

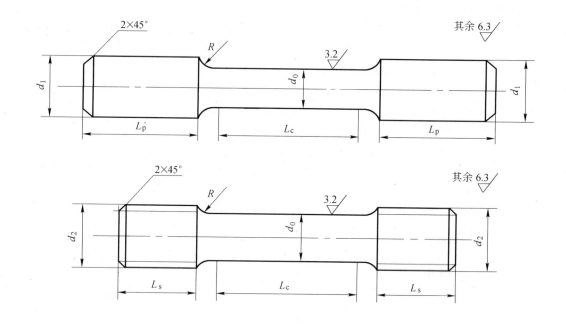

图 5-3　灰铸铁拉伸试样辅助样

d_0—试样直径；L_c—试样最小的平行段长度；R—圆弧半径；d_1—圆柱状夹持端最小直径；L_p—圆柱状夹持端最小长度；

d_2—螺纹状夹持端螺纹直径与螺纹距；L_s—螺纹状夹持端最小长度

传统加工工序：

（1）按 GB/T 9439 规定的取样部位和尺寸要求用砂轮切割机截取试样。

（2）在试样两端打中心孔。粗车外圆 d_1 或是 d_2，试样长度根据夹持端形状选择。粗车圆弧半径 R 和试样直径 d_0，倒角 $2 \times 45°$。

（3）用外圆磨床精磨 R 和试样直径 d_0 至表 5-3 中的规定要求。

新加工工序：

（1）根据试样夹持端形状和试样直径，按表 5-3 中的尺寸规定来确定试样长度，利用带锯床切取试样长度并打上标识。

（2）使用 C620 车床，按图纸标注的尺寸加工到位，外表面用砂纸磨光。

表 5-3　本体试样尺寸　　　　　　　　　　　　　　　　　　　　　　　　　　　　　　　（mm）

试样直径 d_0	最小的平行段长度 L_c	圆弧半径 R	夹持端圆柱状		夹持端螺纹状	
			最小直径 d_1	最小长度 L_p	螺纹直径与螺距 d_2	最小长度 L_s
6 ± 0.1	13		10	30	M10 × 1.5	15
8 ± 0.1	25		12	30	M12 × 1.75	15
10 ± 0.1	30	$\geqslant 1.5 d_0$	16	40	M16 × 2.0	20
12.5 ± 0.1	40		18	48	M20 × 2.5	24
16 ± 0.1	50		24	55	M24 × 3.0	26
20 ± 0.1	60	25	25	65	M28 × 3.5	30
25 ± 0.1	75	$\geqslant 1.5 d_0$	32	70	M36 × 4.0	35
32 ± 0.1	90		42	80	M45 × 4.5	50

注：1. 在铸件应力最大处或铸件最重要工作部位或在能制取最大试样尺寸的部位取样。

　　2. 加工试样时应尽可能选取大尺寸加工试样。

5.4　球墨铸铁拉伸试样（GB/T 1348—2009）

5.4.1　试样图解及符号说明

球墨铸铁拉伸试样图解及符号说明见图 5-4。

5.4.2　试样尺寸的规定

球墨铸铁拉伸试样尺寸的规定见表 5-4。

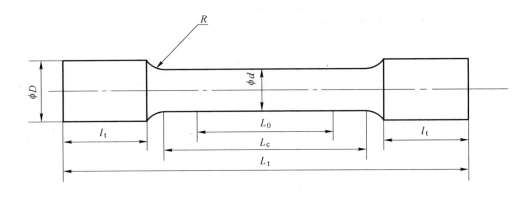

图5-4　球墨铸铁拉伸试样

L_0—试样原始标距长度 $L_0 = 5d$；d—试样标距长度处的直径；L_c—平行段长度，$L_c > L_0$

（原则上 $L_c - L_0 > d$）；L_t—试样总长度；l_t—试样夹持端长度；R—过渡圆弧半径

表5-4　球墨铸铁拉伸试样尺寸的规定　　　　　　　　　　　　　　（mm）

d	L_0	L_c（min）
5 ± 0.1	25	30
7 ± 0.1	35	42
10 ± 0.1	50	60
14 ± 0.1	**70**	**84**
20 ± 0.1	100	120

注：表中的黑体字表示优先选用的尺寸。

5.4.3　加工工序及方法

传统加工工序：

（1）按 GB/T 1348 规定的取样部位和尺寸要求用砂轮切割机截取试样。

（2）试样两端打中心孔。使用车床粗车 ϕd 和 R 并留0.5mm加工余量，按照表5-4中尺寸要求切取试样长度。

（3）用外圆磨床，磨削试样至表 5-4 规定的各种尺寸要求。

新加工工序：

（1）使用带锯床切取试样长度，打上标识号码。

（2）C616 车床，按图纸要求加工各部尺寸，并留 0.5mm 磨量。

（3）MB1420 外圆磨床，按图纸磨削外圆主尺寸。

（4）检验，检查实物和图纸尺寸、校对标识号码、登记。

第6章　烧结金属材料拉伸试样

6.1　扁平试样（GB/T 7963—1987）

6.1.1　试样图解及符号说明

扁平试样图解及符号说明见图6-1。

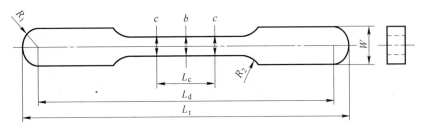

图6-1　扁平试样

b—工作部分尺寸；L_c—工作部分长度；L_d—试样两端圆弧半径之间长度；L_t—试样总长；

W—试样宽度；R_1—试样两端的圆弧半径；R_2—工作部分过渡弧半径

6.1.2　试样各部位的尺寸及公差

扁平试样各部位的尺寸及公差见表6-1。

表6-1　扁平试样各部位尺寸及公差　　　　　　　　　　　　　　　　　　　（mm）

b	c	L_c	L_d	L_t	W	R_1	R_2
5.7 ± 0.02	$b + 0.25$	32	81.0 ± 0.5	89.7 ± 0.5	8.0 ± 0.2	4.35	25

6.1.3　加工工序及方法

（1）按照表6-1给出的尺寸要求刨削试样厚度，留0.5mm的磨削量。使用设备有刨床、线切割机床。

（2）铣 $R25$mm 工作部分过渡弧，并保证尺寸 c 为 5.95mm、L_c 为 32mm 和 b 为 5.7mm ± 0.02mm。使用设备有卧铣床、线切割机床。

（3）按试样厚度尺寸 5.4 ~ 6.0mm 磨两平面，标距间的厚度变化不大于 0.04mm，保证位置公差要求。

（4）试样表面粗糙度 Ra 不大于 2.5μm。

6.2　圆柱试样（GB/T 7963—1987）

6.2.1　试样图解及符号说明

圆柱试样图解及符号说明见图6-2。

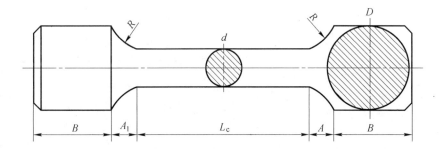

图 6-2　圆柱试样

d—工作部分直径；L_c—平行部分尺寸；L_t—试样总长；A—过渡弧尺寸；

B—夹持部分尺寸；R—过渡弧半径；D—夹持部分直径

6.2.2　试样各部位的尺寸、公差及符号

圆柱试样各个部位的尺寸、公差及符号见表6-2。

表 6-2　圆柱试样各部位的尺寸及公差 　　　　　　　　　　　　　　　　　　　　　　　　　　　　（mm）

d	L_c	L_t	A	B	R	D
5 ± 0.05	30 ± 0.5	65 ± 1	4.5	13	5	12

6.2.3　加工工序及方法

（1）按照标准规定的部位和尺寸截取试样，按图 6-2 试样图解下料。

（2）车两端面，打 A 型中心孔，车 $\phi 12mm \times 65mm \pm 1mm$。切断长 65mm ±1mm。

（3）粗车 $\phi 5mm + 0.1mm$、$R5$ 并保证尺寸 30mm ±0.5mm 及 4.5mm 的长度。

（4）精车工作部分及过渡圆弧。

（5）磨工作部分 $\phi 5mm \pm 0.05mm$，长 30mm ±0.5mm。试样表面粗糙度 Ra 不大于 2.5μm。

第 7 章　金属材料　应力腐蚀单轴加载拉伸试样

7.1　试样图解及符号说明

金属应力腐蚀单轴加载拉伸试样（GB/T 15970.4—2000）试样图解及符号说明见图 7-1。

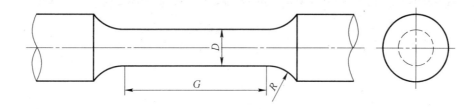

图 7-1　金属应力腐蚀单轴加载拉伸试样

D—直径；G—拉伸试样工作部分长度；R—过渡弧的半径

7.2　试样尺寸及公差

金属应力腐蚀单轴加载拉伸试样尺寸及公差见表 7-1。

表 7-1　应力腐蚀试样尺寸及公差　　　　　　　　　　　　　　　　（mm）

尺　寸	标　准　试　样	小尺寸试样
D	6.35 ± 0.13	3.81 ± 0.05
G	25.4	25.4
R_{min}	15	15

7.3　加工工序及方法

（1）验收坯料，编号，写工作卡片。

（2）截取坯料，长度大于标准长度20mm。

（3）毛坯车圆，直径留1～2mm加工余量，平端头长度为图纸要求长度。

（4）两端打A型标准中心孔，锥面不宜过大。半精车外径和螺纹，螺纹按二级精度加工。精车外径和螺纹达标准要求。

（5）精车工作部分及圆弧。加工两侧圆弧部分，用夹刀连接R规检验。

（6）以中心孔定位，磨削工作部分和过渡圆弧。以中心孔为基准，磨削中间直径 $\phi6.4mm \pm 0.1mm$（$\phi2.5mm \pm 0.05mm$）及两侧面圆弧，控制磨削用量，进刀量为0.005mm，最后一刀以0.0025mm磨至尺寸，表面粗糙度 Ra 达0.8μm。

第8章　金属材料　夏比冲击试样

8.1　夏比冲击V型缺口标准试样（GB/T 229—2007）

8.1.1　试样图解及符号说明

夏比冲击V型缺口标准试样图解及符号说明见图8-1。

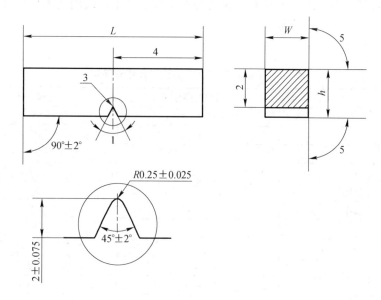

图8-1　夏比冲击V型缺口标准试样

L—试样长度；h—试样高度；W—试样宽度；1—缺口角度；2—缺口底部高度；

3—缺口根部半径；4—缺口对称面-端部距离；5—试样纵向面间夹角

8.1.2 加工工序及方法

（1）按标准检查验收坯料，确认样坯的轧制方向、试样的加工方向（横、纵向）以及加工位置。按 GB/T 2975 规定的取样要求切取试样，试样加工过程中应避免由于加工硬化或过热而影响材料的力学性能。

（2）去掉坯料的热影响区或冷变形区。将坯料加工成长、宽尺寸为 180mm×65mm×原板厚的矩形试坯。可用加工设备为带锯床或双带锯床等。

（3）使用刨床、立铣床或双面铣床等加工设备，对样坯厚度进行减薄至尺寸要求的 11mm，样坯的宽度为 55mm±0.6mm。

（4）使用卧铣床（配专用夹具）或带锯床将样坯加工成 11mm×11mm×55mm 的试样。

（5）使用平面磨床将试样 4 面磨削至 10mm×10mm，尺寸公差符合表 8-1 的要求，试样表面粗糙度 Ra 优于 5μm。试样棱边无毛刺，无倒角。

（6）使用卧式铣床或拉床等设备加工 V 型缺口。V 型缺口位置开在试样宽度上，使用放大 50 倍的投影仪检查缺口尺寸。

（7）冲击试样加工亦可采用冲击试样加工中心来加工。

（8）试样各部位尺寸与尺寸偏差见表 8-1。

表 8-1　V 型缺口标准冲击试样尺寸与偏差　　　　　　　　　　　　　　　（mm）

名　称		符号及序号	公称尺寸	机加工偏差
长　度		L	55	±0.60
高　度		h	10	±0.075
宽　度	标准试样	W	10	±0.11
	小试样		7.5	±0.11
	小试样		5	±0.06
	小试样		2.5	±0.04
缺口角度		1	45°	±2°
缺口底部高度		2	8	±0.075
缺口根部半径		3	0.25	±0.025
缺口对称面-端部距离		4	27.5	±0.42
试样纵向面间夹角		5	90°	±2°
缺口对称面-试样纵轴角度		—	90°	±2°

注：如材料不够制备标准尺寸试样时，可使用宽度 7.5mm、5mm 或 2.5mm 的小尺寸试样。

8.2 夏比冲击 U 型缺口标准试样(GB/T 229—2007)

8.2.1 试样图解及符号说明

夏比冲击 U 型缺口标准试样图解及符号说明见图 8-2。

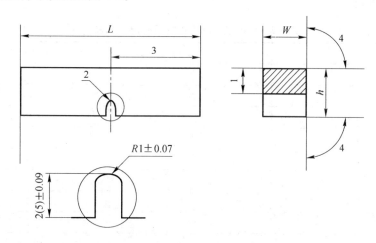

图 8-2 夏比冲击 U 型缺口标准试样

—试样长度；h—试样高度；W—试样宽度；1—缺口底部高度；2—缺口根部半径；

3—缺口对称面-端部距离；4—试样纵向面间夹角

8.2.2 加工工序及方法

（1）按标准检查验收坯料，确认样坯的轧制方向、试样的加工方向（横、纵向）以及加工位置，按 GB/T 2975 规定的取样要求切取试样，试样加工过程中应避免由于加工硬化或过热而影响材料的力学性能。

（2）去掉坯料的热影响区或冷变形区。将坯料加工成长、宽尺寸为 180mm×65mm×原板厚的矩形试坯。可用加工设备为带锯床或双带锯床等。

（3）使用刨床、立铣床或双面铣床等加工设备，对样坯厚度进行减薄至尺寸要求的 11mm，试样的宽度为 55mm±0.6mm。

（4）使用卧铣床（配专用夹具）或带锯床将样坯加工成 11mm×11mm×55mm 的试样。

（5）使用平面磨床将试样 4 面磨削至 10mm×10mm，尺寸公差符合表 8-2 的要求，试样表面粗糙度 Ra 优于 5μm。试样棱边无毛刺，无倒角。

（6）使用卧式铣床或拉床等设备加工 U 型缺口。U 型缺口位置开在试样宽度上，使用放大 50 倍的投影仪检查缺口尺寸。

（7）冲击试样加工亦可采用冲击试样加工中心来加工。

（8）试样各部位尺寸与偏差见表 8-2。

表 8-2　U 型缺口标准冲击试样尺寸与偏差

（mm）

名　称		符号及序号	公称尺寸	机加工偏差
长　度		L	55	±0.60
高　度		h	10	±0.11
宽　度	标准试样	W	10	±0.11
	小试样		7.5	±0.11
	小试样		5	±0.06
缺口底部高度		1	8	±0.09
			5	±0.09
缺口根部半径		2	1	±0.07
缺口对称面-端部距离		3	27.5	±0.42
试样纵向面间夹角		4	90°	±2°
缺口对称面-试样纵轴角度		—	90°	±2°

注：如材料不够制备标准尺寸试样时，可使用宽度 7.5mm、5mm 的小尺寸试样。

第9章 金属材料 艾氏冲击试样

9.1 金属艾氏冲击单缺口正方形(矩形)截面试样(GB/T 4158—1984)

9.1.1 试样图解及符号说明

金属艾氏冲击单缺口正方形（矩形）截面试样图解及符号说明见图 9-1。

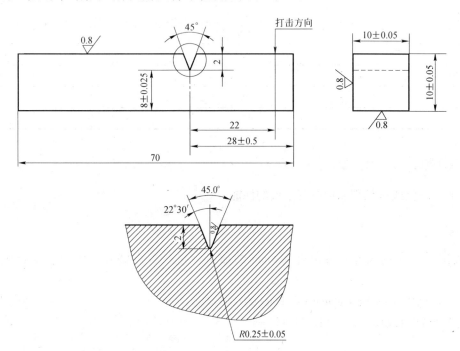

图 9-1 金属艾氏冲击单缺口正方形（矩形）截面试样

9.1.2 试样尺寸及偏差

金属艾氏冲击单缺口正方形截面试样尺寸及偏差见表9-1，括号内的数据为有色金属材料加工偏差要求。

表9-1 单缺口正方形截面试样尺寸及偏差 （mm）

项 目	公 称 尺 寸	机加工尺寸偏差
最小试样总长	70	—
宽 度	10	±0.1（±0.05）
厚 度	10	±0.1（±0.05）
	7.5	
	5	
	2.5	
缺口底部半径	0.25	±0.025（±0.025）
缺口底部到其对面的厚度	8	±0.1（±0.025）
试样悬空端到对称面距离	28	±0.5（±0.5）
缺口角度	45°	±2°（±1°）

9.1.3 加工工序及方法

试样加工时，不应产生冷加工硬化或过热现象而改变金属的性能。

传统加工工序：

（1）按标准验收坯料。

（2）用刨床将坯料加工成试样对应的尺寸，并留有0.5mm的加工余量。试样横截面四边及缺口轴线与试样纵轴垂直，四角为90°±0.5°。

（3）用平面磨床，将样坯四面磨削至（10×10）mm±0.1mm的尺寸要求。

（4）试样缺口加工可使用V型铣刀或拉床，缺口尺寸45°±2°。

新加工工序：

（1）按GB/T 2975标准取样，普钢下料尺寸为15mm×15mm×75mm，优质钢和合金钢按相关产品标准制作试样毛坯尺寸，或用数控板材多功能取样机床或数控棒材试样万能成型机床直接下料加工，下料尺寸为 15mm×15mm×60mm 并在试样端部打上标识号码。

（2）用冲击试样数控加工中心加工成型。

（3）使用放大 50 倍的投影仪检查缺口尺寸。

9.2　金属艾氏冲击双缺口正方形（矩形）截面试样（GB/T 4158—1984）

9.2.1　试样图解及符号说明

金属艾氏冲击双缺口正方形（矩形）截面试样图解及符号说明见图 9-2。

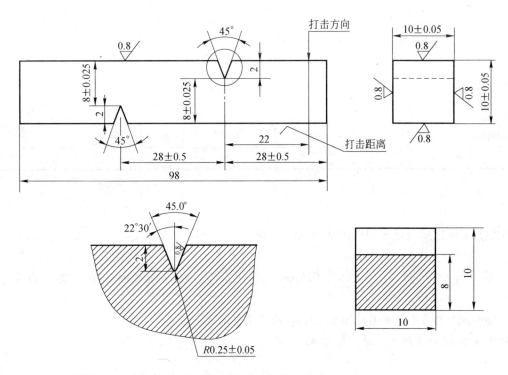

图 9-2　金属艾氏冲击双缺口正方形（矩形）截面试样

9.2.2 试样代号、试样厚度及尺寸偏差

艾氏冲击双缺口正方形截面试样代号、试样厚度及尺寸偏差见表9-2，括号内数值为有色金属加工偏差。

表 9-2 艾氏冲击双缺口正方形截面试样号、尺寸及偏差 （mm）

项　目	公称尺寸	机加工尺寸偏差
最小试样总长	98	—
宽　度	10	±0.1（±0.05）
厚　度	10	±0.1（±0.05）
	7.5	
	5	
	2.5	
缺口底部半径	0.25	±0.025（±0.025）
缺口底部到其对面的厚度	8	±0.1（±0.025）
试样悬空端到对称面和 两个相邻缺口间距离	28	±0.5（±0.5）
缺口角度	45°	±2°（±1°）

9.2.3 加工工序及方法

试样加工时，不应产生冷加工硬化或过热现象而改变金属的性能。

传统加工工序：

（1）用刨床将坯料加工成试样对应的尺寸，并留有 0.5mm 的加工余量。试样横截面四边及缺口轴线与试样纵轴垂直，四角为 90°±0.5°。

（2）用平面磨床，将样坯四面磨削至（10×10）mm ±0.1mm 的尺寸要求。

（3）试样缺口加工可使用 V 型铣刀或拉床，缺口尺寸 45°±2°。

新加工工序：

（1）按 GB/T 2975 标准取样，普钢下料尺寸为 15mm×15mm×75mm，优质钢和合金钢按相关产品标准制作试样毛坯尺寸。

或用数控板材多功能取样机床或数控棒材试样万能成型机床直接下料加工，下料尺寸为 15mm×15mm×60mm 并在试样端部打上标识号码。

（2）用冲击试样数控加工中心加工成型。

（3）使用放大 50 倍的投影仪检查缺口尺寸。

9.3　金属艾氏冲击试样三缺口正方形截面试样（GB/T 4158—1984）

9.3.1　试样图解及符号说明

金属艾氏冲击试样三缺口正方形截面试样图解及符号说明见图 9-3。

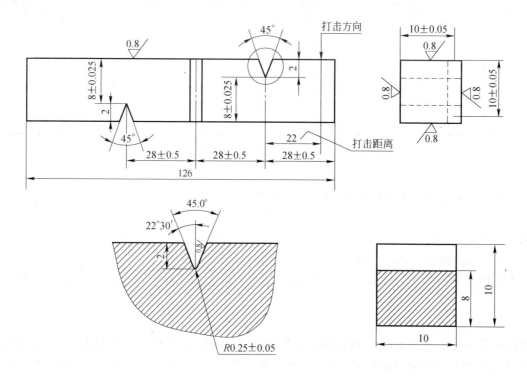

图 9-3　金属艾氏冲击试样三缺口正方形截面试样

9.3.2　试样代号、试样厚度及尺寸偏差

金属艾氏冲击试样三缺口正方形截面试样代号、试样厚度及尺寸偏差见表9-3，括号内数值为有色金属加工偏差。

表9-3　艾氏冲击三缺口正方形截面试样号、尺寸及偏差　　　　　　　　　　　　　　（mm）

项　目	公称尺寸	机加工尺寸偏差
最小试样总长	126	—
宽　　度	10	±0.1（±0.05）
厚　　度	10	±0.1（±0.05）
	7.5	
	5	
	2.5	
缺口底部半径	0.25	±0.025（±0.025）
缺口底部到其对面的厚度	8	±0.1（±0.025）
试样悬空端到对称面和两个相邻缺口间距离	28	±0.5（±0.5）
缺口角度	45°	±2°（±1°）

9.3.3　加工工序及方法

试样加工时，不应产生冷加工硬化或过热现象而改变金属的性能。

传统加工工序：

（1）按标准验收坯料并下作业票。

（2）用刨床将矩形样坯加工成10mm×10mm，留0.4~0.6mm的磨削量。

（3）使用磨床将样坯四面磨削至10mm×10mm，尺寸偏差符合表9-3要求。用刨床加工三个45°缺口，或用铣刀或拉床加工3个45°缺口。

新加工工序：

（1）按GB 2975—1998标准取样，普钢下料尺寸为15mm×15mm×216mm，优质钢和合金钢按相关产品标准制作试样毛坯（送热处理）。板材试样用GBK 4265数控板材多功能取样机床（纵向和横向冲击要分清），棒材试样采用GCYK4220数控棒材试样万能成型机床下料加工，打上标识号码。

（2）刨床（B665）、立铣（X5032）、CGXK3040 冲击试样数控高速专用铣床，加工冲击尺寸为 10.5mm×10.5mm×216mm，确保试样四面及缺口轴线与试样纵轴90°。对试样进行钢印转移、校对、去毛刺。

（3）使用平面磨床（M7120、M7130），按图纸要求加工样坯四个面。磨好的一个面必须先将毛刺打掉，再磨三个面共四个面，这样能保证试样四面及缺口轴线与试样纵轴90°尺寸和各部尺寸。

（4）试样加工缺口可使用 X57-3C 万能铣床（拉床）、9017A 光学磨床等设备。用专用夹具装置在 X57-3C 铣床上划线定位（每组 15～21 块可一同加工），按试样尺寸加工。也可采用光学机床用专用夹具固定试样后逐一加工缺口。用放大 50 倍的投影仪检查缺口尺寸。

（5）对加工好的试样进行检验，检查实物和套图纸尺寸。校对标识号码、登记。

9.4 金属艾氏冲击单缺口圆形截面试样（GB/T 4158—1984）

9.4.1 试样图解及符号说明

金属艾氏冲击单缺口圆形截面试样图解及符号说明见图 9-4。

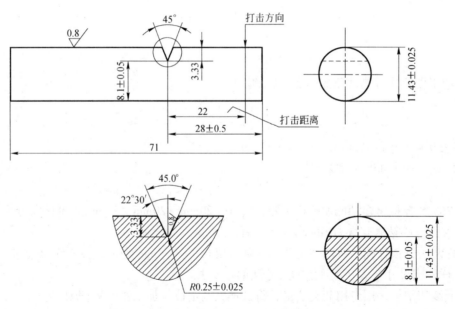

图 9-4 金属艾氏冲击单缺口圆形截面试样

9.4.2 试样代号、试样厚度及尺寸偏差

金属艾氏冲击单缺口圆形截面试样代号、试样厚度及尺寸偏差见表9-4，括号内数值为有色金属加工偏差。

表9-4 艾氏冲击单缺口圆形截面试样号、尺寸及偏差 　　　　　　　　　　　　　　　　（mm）

项 目	公 称 尺 寸	机加工尺寸偏差
最小试样总长	71	—
直 径	11. 43	±0. 025(±0. 025)
缺口底部半径	0. 25	±0. 025(±0. 025)
缺口底部到其对面的厚度	8. 1	±0. 11(±0. 05)
试样悬空端到对称面距离和 两个相邻缺口间距离	28	±0. 5(±0. 5)
缺口角度	45°	±2°(±1°)

9.4.3 加工工序及方法

试样加工时，不应产生冷加工硬化或过热现象而改变金属的性能。

传统加工工序：

（1）按标准验收坯料。

（2）用车床车削样坯达到表9-4要求的 ϕ11.43mm ±0.025mm。

（3）用刨床或铣床专用45°铣刀加工45° V型缺口。

新加工工序：

（1）板材样可采用 GBK 4265 数控板材多功能取样机下料，尺寸：20mm×20mm×78mm。棒材样可采用 GCYK4220 数控棒材试样万能成形机床。也可采用 YZ-30 液压空心钻床套取 ϕ20mm×78mm 样坯。

（2）使用 C616 车床，试样两头打顶针孔。按图加工试样外圆，留 0.3～0.4mm 磨量，并按图纸要求切取试样长短。

（3）使用外圆磨床磨削试样外圆尺寸至表9-4规定的尺寸和偏差要求。

（4）使用 X57-3C 卧铣床或线切割机，用专用装夹装量，将试样夹紧定位，加工45° V型缺口。

（5）按图纸技术要求检验各部尺寸。

9.5 金属艾氏冲击双缺口圆形截面试样(GB/T 4158—1984)

9.5.1 试样图解及符号说明

金属艾氏冲击双缺口圆形截面试样图解及符号说明见图 9-5。

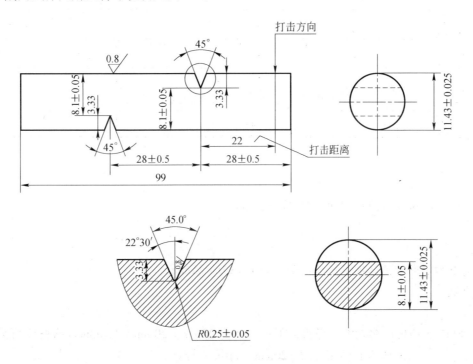

图 9-5 金属艾氏冲击双缺口圆形截面试样

9.5.2 试样代号、试样厚度及尺寸偏差

金属艾氏冲击双缺口圆形截面试样代号、试样厚度及尺寸偏差见表 9-5，括号内数值为有色金属加工偏差。

表 9-5　艾氏冲击双缺口圆形截面试样号、尺寸及偏差　　　　　　　　　（mm）

项　目	公称尺寸	机加工尺寸偏差
最小试样总长	99	—
直　径	11.43	±0.025（±0.025）
缺口底部半径	0.25	±0.025（±0.025）
缺口底部到其对面的厚度	8.1	±0.11（±0.05）
试样悬空端到对称面和两个相邻缺口间距离	28	±0.5（±0.5）
缺口角度	45°	±2°（±1°）

9.5.3　加工工序及方法

试样加工时，不应产生冷加工硬化或过热现象而改变金属的性能。

传统加工工序：

（1）按标准验收坯料。

（2）用车床车削样坯达表 9-5 要求的试样加工尺寸：$\phi 11.43mm \pm 0.025mm$。

（3）用铣床加工 45° V 型缺口。

新加工工序：

（1）板材样可采用 GBK 4265 数控板材多功能取样机，下料尺寸为 20mm×20mm×110mm。棒材样可采用 GCYK4220 数控棒材试样万能成形机床下料加工，也可用 YZ-30 液压空心钻床套取 $\phi 20mm×110mm$ 样坯。

（2）使用 C616 车床，试样两头打顶针孔。按图加工试样外圆，留 0.3～0.4mm 磨量，并按图纸要求切取试样长短。

（3）使用外圆磨床，磨削试样外圆尺寸至表 9-5 规定的尺寸和偏差要求。

（4）使用车床按图纸要求切长短。

（5）使用 X57-3C 卧铣床或线切割机，用专用装夹装量，将试样夹紧定位，加工 45° V 型缺口。

（6）按图纸技术要求检验各部尺寸。

9.6 金属艾氏冲击三缺口圆形截面试样(GB/T 4158—1984)

9.6.1 试样图解及符号说明

金属艾氏冲击三缺口圆形截面试样图解及符号说明见图9-6。

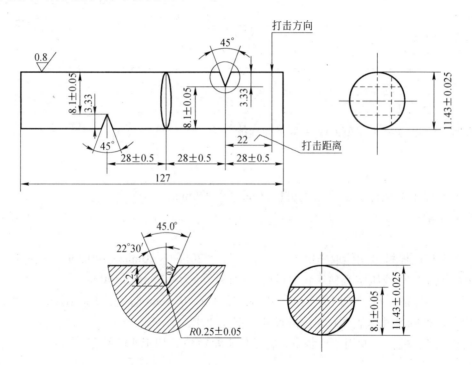

图9-6 金属艾氏冲击三缺口圆形截面试样

9.6.2 试样代号、试样厚度及尺寸偏差

金属艾氏冲击三缺口圆形截面试样代号、试样厚度及尺寸偏差见表9-6，括号内数值为有色金属加工偏差。

表 9-6　艾氏冲击三缺口圆形截面试样号、尺寸及偏差　　　　　　　　　　（mm）

项　目	公称尺寸	机加工尺寸偏差
最小试样总长	127	—
直　径	11.43	±0.025（±0.025）
缺口底部半径	0.25	±0.025（±0.025）
缺口底部到其对面的厚度	8.1	±0.11（±0.05）
试样悬空端到对称面和两个相邻缺口间距离	28	±0.5（±0.5）
缺口角度	45°	±2°（±1°）

9.6.3　加工工序及方法

试样加工时，不应产生冷加工硬化或过热现象而改变金属的性能。

传统加工工序：

（1）按标准验收坯料。

（2）用车床车削样坯达表 9-6 要求的试样加工尺寸：$\phi 11.43 \text{mm} \pm 0.025 \text{mm}$。

（3）用铣床加工三个 45° V 型缺口。

新加工工序：

（1）板材样可采用 GBK 4265 数控板材多功能取样机下料，下料尺寸 20mm×20mm×140mm。棒材样可采用 GCYK4220 数控棒材试样万能成形机床下料加工，也可用 YZ-30 液压空心钻床套取样坯，样坯尺寸为 $\phi 20 \text{mm} \times 140 \text{mm}$。

（2）使用 C616 车床，试样两头打顶针孔。按图加工试样外圆，留 0.3~0.4mm 磨量，并按图纸要求切取试样长短。

（3）使用外圆磨床，磨削试样外圆尺寸至表 9-6 规定的尺寸和偏差要求。

（4）使用 X57-3C 卧铣床或线切割机，用专用装夹装量，将试样夹紧定位，加工 45° V 型缺口。

（5）按图纸技术要求检验各部尺寸。

第10章　金属材料　铸铁冲击试样

10.1　灰铸铁无缺口圆柱形冲击标准试样（GB/T 6296—1986）

10.1.1　试样图解及符号说明

灰铸铁无缺口圆柱形冲击标准试样图解及符号说明见图10-1。

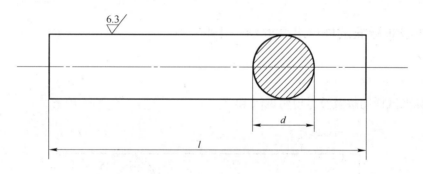

图 10-1　灰铸铁无缺口圆柱形冲击标准试样

l—试样长度；d—试样直径

10.1.2　标准试样尺寸和偏差要求

灰铸铁无缺口圆柱形冲击标准标准试样尺寸和偏差要求见表10-1。

表 10-1　灰铸铁无缺口圆柱形冲击标准试样尺寸和偏差　　　　　　　　　　　（mm）

名　称	公 称 尺 寸	加 工 公 差
试样长度 l	120	±2
试样直径 d	20	±0.2

10.1.3 加工工序及方法

试棒应铸成圆柱形，直径为 $\phi 30mm + 2mm$，最小长度为 150mm。机加工中发现试样有明显缺陷时应报废，并用备用试棒补充加工。

传统加工工序：

(1) 按标准验收坯料。

(2) 用车床加工试样达到表 10-1 要求试样尺寸。

新加工工序：

(1) 带锯床将坯料长度加工成 130mm。

(2) 用 C616 或 C620 车床将坯料加工成符合表 10-1 要求的标准尺寸试样，并用砂纸磨光。

(3) 检查验收试样各部尺寸。

10.2 灰铸铁圆柱形无缺口冲击非标准试样(GB/T 6296—1986)

10.2.1 试样图解及符号说明

灰铸铁圆柱形无缺口冲击非标准试样图解及符号说明见图 10-2。

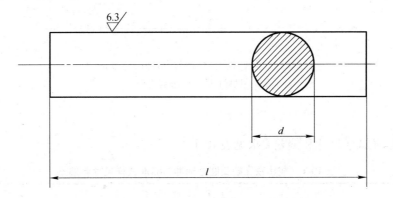

图 10-2 灰铸铁圆柱形无缺口冲击非标准试样

l—试样长度；d—试样直径

10.2.2 试样尺寸和偏差要求

灰铸铁圆柱形无缺口冲击非标准试样尺寸和偏差要求见表10-2。

表10-2 灰铸铁圆柱形无缺口冲击非标准试样尺寸和偏差 （mm）

名　称	公称尺寸	加工公差
试样长度 l	$6d$	±2
试样直径 d	12～29	±0.2

10.2.3 加工工序及方法

试棒应铸成圆柱形，铸造直径一般应比试样直径大10mm，最小长度为7.5d。机加工中发现试样有明显缺陷时应报废，并用备用试棒补充加工。

传统加工工序：

（1）按标准验收坯料。

（2）用车床加工试样达到表10-2要求的标准尺寸。

新加工工序：

（1）使用带锯床将坯料长度加工成130mm。

（2）使用C616或C620车床将坯料加工成符合表10-2要求的标准尺寸试样，并用砂纸磨光。

（3）检查验收试样各部尺寸。

10.3 球墨铸铁冲击标准试样（GB/T 1348—2009）

10.3.1 试样图解及符号说明

球墨铸铁冲击标准试样图解及符号说明见图10-3。

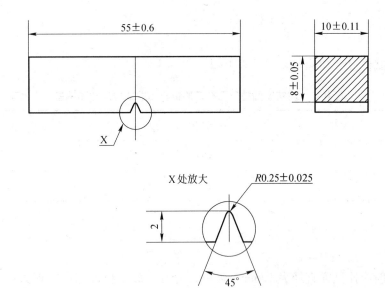

图 10-3　球墨铸铁冲击标准试样

10.3.2　加工工序及方法

（1）按标准验收坯料。

（2）用带锯床将坯料加工成 15mm×15mm×60mm，打标识号码。

（3）用刨床对坯料加工成 10.5mm×10.5mm×55mm，打标识号码。

（4）用平面磨床加工四个表面为 10mm×10mm，公差见图 10-3 试样图解及符号说明。

（5）用 V 型铣刀或拉床加工 45° V 型缺口，公差见图 10-3 试样图解及符号说明。

（6）检查验收试样。

第 11 章　烧结材料　无缺口冲击试样

11.1　试样图解及符号说明

烧结金属材料无缺口冲击试样(GB/T 9096—2002)图解及符号说明见图 11-1。

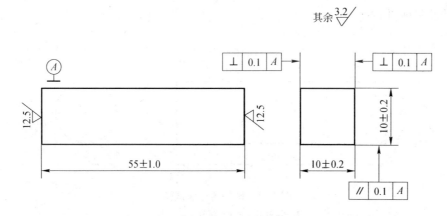

图 11-1　烧结金属材料无缺口冲击试样

11.2　加工工序及方法

（1）按标准验收坯料，试样应标有辨认压制方向的标记。冲击方向应与压制方向垂直。

（2）试样不允许有任何表面缺陷。制备试样时，应使发热或加工硬化等对试验结果产生的影响减至最小。

（3）用带锯床加工至 15mm×15mm×60mm，打标识号码。

（4）用刨床按图将坯料加工至 10.5mm×10.5mm×55mm，打标识号码。

（5）使用平面磨床加工试样四面尺寸至(10mm×10mm)±0.2mm。

（6）检查验收试样。

第 12 章 金属材料 压缩试样

12.1 圆柱体压缩试样（GB/T 7314—2005）

12.1.1 试样图解及符号说明

圆柱体压缩试样图解及符号说明见图 12-1。

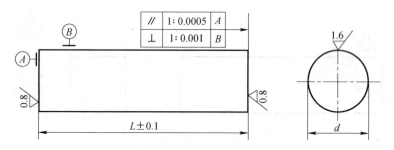

图 12-1 圆柱体压缩试样

L—试样长度；d—试样原始直径

12.1.2 试样尺寸和适用检测项目

圆柱体压缩试样尺寸和适用检测项目见表 12-1。

表 12-1 圆柱体压缩试样尺寸、偏差及其适用检测项目 （mm）

试样长度 L	试样直径 d	测 试 项 目
$(2.5 \sim 3.5)d \pm 0.1$		R_{pc}，R_{tc}，R_{eHc}，R_{eLc}，R_{mc}
$(5 \sim 8)d \pm 0.1$	$(10 \sim 20) \pm 0.05$	$R_{pc0.01}$，E_c
$(1 \sim 2)d \pm 0.1$		R_{mc}

12.1.3　加工工序及方法

（1）切取样坯和机加工试样时，应防止因冷加工的影响而改变材料的性能。

（2）使用锯床（带锯床）下料时，应按检测项目要求及给定的试样直径切取试样的长度。

（3）使用车床按试样图纸尺寸将坯料加工至要求，并留 0.5mm 的磨削余量。

（4）用外圆磨床将试样磨制成符合表 12-1 要求的标准试样。

12.2　正方形柱体压缩试样（GB/T 7314—2005）

12.2.1　试样图解及符号说明

正方形柱体压缩试样图解及符号说明见图 12-2。

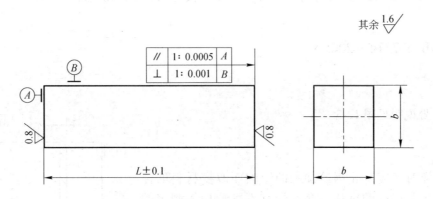

图 12-2　正方形柱体压缩试样

L—试样长度；b—试样宽度和厚度

12.2.2　试样尺寸和适用检测项目

正方形柱体压缩试样尺寸和适用检测项目见表 12-2，试样适用于厚度大于 10mm 的样品。

表12-2　试样尺寸、偏差及其适用检测项目　　　　　　　　　　　　　　　　　　　　　　　　（mm）

试样长度 L	试样宽度 b	测 试 项 目
$(2.5 \sim 3.5)b \pm 0.1$		R_{pc}, R_{tc}, R_{eHc}, R_{eLc}, R_{mc}
$(5 \sim 8)b \pm 0.1$	$(10 \sim 20) \pm 0.05$	$R_{pc0.01}$, E_c
$(1 \sim 2)b \pm 0.1$		R_{mc}

12.2.3　加工工序及方法

（1）切取样坯和机加工试样时，应防止因冷加工的影响而改变材料的性能。加工试样时应提前计算出 b_0、L 数值。

（2）用锯床或 GBK 4265 数控锯床按 GB/T 7314 加工坯料，加工尺寸为 $b + 5$mm，$L + 5$mm。

（3）用刨床或立式铣床，按尺寸要求加工试样，保证试样相互两平面垂直，保留 $0.4 \sim 0.5$mm 磨床加工余量。

（4）用平面磨床，按尺寸公差、形位公差及粗糙度要求加工。试样棱边无毛刺，无倒角。

（5）检验验收试样。

12.3　矩形板状压缩试样（GB/T 7314—2005）

12.3.1　试样图解及符号说明

矩形板状压缩试样图解及符号说明见图12-3。

12.3.2　加工工序及方法

（1）切取样坯和机加工试样时，应防止因冷加工的影响而改变材料的性能。试样应平直，从板卷或带卷上切取的试样，允许带有不影响性能测定的弯曲。

（2）按标准验收坯料。

（3）采用带锯床或 GBK 4265 数控锯床按图纸要求加工坯料，并为下道工序加工预留 5mm 左右加工余量。

（4）用刨床或铣床，加工基准面 B 和基准面的相对面达到尺寸要求。加工端头 A 面及相对面，其与 B 面垂直度应小于 0.1，每面留 $0.4 \sim 0.5$mm 磨削量。

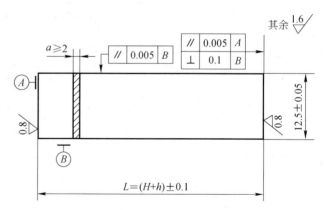

图 12-3　矩形板状压缩试样

a—试样厚度；L—试样长度；H—约束装置的高度（根据约束装置定）；h—无约束部分的长度

（5）用磨床精加工试样，使其六个平面至标准要求。试样棱边无毛刺，无倒角。当试样厚度为原材料厚度时，应保留原表面，表面上不应有划痕等损伤。

（6）无约束部分的长度

$$h = \left(\varepsilon_{pc} + \frac{R_{pc}}{E_c} \right) H + (0.2 \sim 0.3)$$

当测定总压缩应力时

$$h = \varepsilon_{pc} \times H + (0.2 \sim 0.3)$$

（7）检验验收试样。

（8）该板状试样仅适用于厚度为 2 ~ <10mm 的试样。

12.4 带凸耳板状压缩试样

12.4.1 试样图解及符号说明

带凸耳板状压缩试样图解及符号说明见图 12-4。

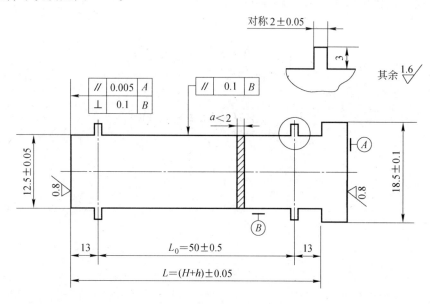

图 12-4 矩形板状压缩试样

a—试样厚度；L—试样长度；H—约束装置的高度（根据约束装置定）；h—无约束部分的长度

12.4.2 加工工序及方法

（1）切取样坯和机加工试样时，应防止因冷、热加工的影响而改变材料的性能。试样应平直，从板卷或带卷上切取的试样，允许带有不影响性能测定的弯曲。

（2）试样厚度为原材料厚度时，应保留原表面，原表面上不应有划痕等损伤。试样厚度为机加工厚度时，表面粗糙度不应劣于原表面的粗糙度。厚度在标距长度内的偏差不大于1%或0.05mm，取其小值。

（3）按标准验收坯料。

（4）用带锯或数控带锯床加工坯料，每边给下道工序留5mm加工余量。

（5）用铣床、刨床或线切割机床，加工两侧面 B 及相对面，加工两端面，使其达到标准要求，其余要求按标准说明进行，为磨床预留0.5mm磨削量。注意加工厚度时，可用薄衬板夹具装夹加工，不能使试样变形。

（6）使用光学曲线磨床、平面磨床或工具磨床时，先磨厚度，再用专用夹具夹紧磨长度，用工具磨床磨制耳朵内外尺寸，试样长度 $L = H + h$。加工尺寸应满足标准要求。试样棱边无毛刺，无倒角。

无约束部分的长度 h：

$$h = \left(\varepsilon_{pc} + \frac{R_{pc}}{E_c}\right)H + (0.2 \sim 0.3)$$

当测定总压缩应力时 h：

$$h = \varepsilon_{pc} \times H + (0.2 \sim 0.3)$$

（7）检验验收试样。

第13章　铸铁压缩试样

13.1　试样图解及符号说明

灰铸铁压缩试样(GB/T 977—1984)试样图解及符号说明见图 13-1。

13.2　加工工序及方法

（1）按标准验收坯料，试样毛坯应为 $\phi30$mm 的单铸试棒。

（2）用车床加工外圆直径 d 和基准端面 B。$d = (6 \sim 25)$mm ± 0.1mm。机加工试样时，需提供其数值。当外形尺寸达到要求时用砂布磨光。试样高度 $h = (6 \sim 25)$mm ± 0.1mm，留 0.4 ~ 0.5mm 磨量。

（3）用平面磨床，以 B 端为基准平磨切断端面。试样棱边无毛刺，无倒角。

（4）检验验收试样。

（5）对于壁厚大于 30mm 的铸件，取样部位和试样尺寸由供需双方协议规定。

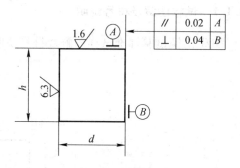

图 13-1　灰铸铁压缩试样
d—试样直径；h—试样高度

第 14 章　铁素体钢　NDT 落锤试样

14.1　NDT 落锤试验标准试样（GB/T 6803—2008）

14.1.1　试样图解及符号说明

NDT 落锤试验标准试样图解及符号说明见图 14-1。

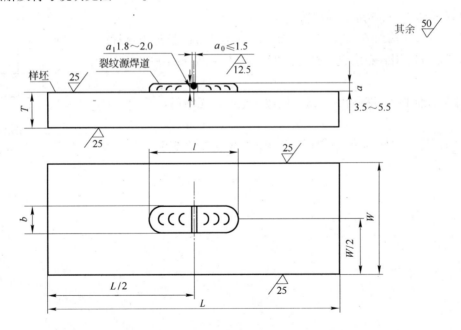

图 14-1　NDT 落锤试验标准试样

T—试样厚度；W—试样宽度；L—试样长度；l—焊道长度；b—焊道宽度；a—焊道高度；a_0—缺口宽度；a_1—缺口底高

14.1.2 试样编号及尺寸规定

NDT 落锤试验标准试样编号及尺寸规定见表 14-1。

表 14-1 NDT 落锤试验标准试样编号及规定 （mm）

名　称	试 样 型 号		
	P-1	P-2	P-3
试样厚 T	25 ±2.5	20 ±1.0	16 ±0.5
试样宽 W	90 ±2.0	50 ±1.0	50 ±1.0
试样长 L	360 ±5.0	130 ±2.5	130 ±2.5
焊道长 l	40 ~65	20 ~65	20 ~65
焊道宽 b	12 ~16	12 ~16	12 ~16
焊道高度 a	3.5 ~5.5	3.5 ~5.5	3.5 ~5.5
缺口宽度 a_0	≤1.5	≤1.5	≤1.5
缺口底高 a_1	1.8 ~2.0	1.8 ~2.0	1.8 ~2.0

14.1.3 加工工序及方法

（1）板材样坯应保留一个原轧制面作为试验时的受拉面（堆焊裂纹源焊道的面），加工另一面。铸、锻件的样坯，两面均可加工。试样的受拉面应尽量接近原始表面，试样受拉面及两侧面的加工方向与试样长度方向一致。

（2）裂纹源焊道的堆焊应采用直径 $\phi 4 ~5mm$ 且符合《堆焊焊条》（GB/T 984）能确保焊道开裂的普通低合金钢堆焊焊条。堆焊时应从焊道的任一端向另一端进行连续焊接，焊接过程不应有间断。

（3）可用机械、薄砂轮片或线切割在焊道中心位置加工裂纹源缺口，但不得损伤试样表面。缺口底面应与试样表面平行。

14.2 NDT 落锤试验辅助试样（GB/T 6803—2008）

14.2.1 试样图解及符号说明

NDT 落锤试验辅助试样图解及符号说明见图 14-2。

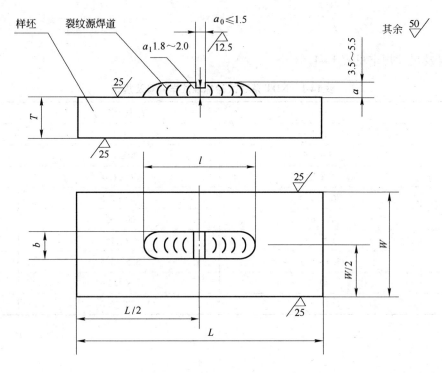

图 14-2　NDT 落锤试验辅助试样

T—试样厚度；W—试样宽度；L—试样长度；l—焊道长度；b—焊道宽度；a—焊道高度；a_0—缺口宽度；a_1—缺口底高

14.2.2　试样编号及尺寸规定

NDT 落锤试验辅助试样编号及尺寸规定见表 14-2。

表 14-2　NDT 落锤试验辅助试样编号及尺寸规定　　　　　　　　　　　　　　（mm）

名　称	试 样 型 号		
	P-4	P-5	P-6
试样厚 T	12 ± 0.5	38 ± 2.5	50 ± 3.0

名　称	试 样 型 号		
	P-4	P-5	P-6
试样宽 W	50 ± 1.0	90 ± 2.0	90 ± 2.0
试样长 L	130 ± 2.5	360 ± 5.0	360 ± 5.0
焊道长 l	$20 \sim 45$	$40 \sim 65$	$40 \sim 65$
焊道宽 b	$10 \sim 14$	$12 \sim 16$	$12 \sim 16$
焊道高度 a	$3.5 \sim 5.5$	$3.5 \sim 5.5$	$3.5 \sim 5.5$
缺口宽度 a_0	$\leqslant 1.5$	$\leqslant 1.5$	$\leqslant 1.5$
缺口底高 a_1	$1.8 \sim 2.0$	$1.8 \sim 2.0$	$1.8 \sim 2.0$

14.2.3　加工工序及方法

（1）板材样坯应保留一个原轧制面作为试验时的受拉面（堆焊裂纹源焊道的面），加工另一面。铸、锻件的样坯，两面均可加工。试样的受拉面应尽量接近原始表面，试样受拉面及两侧面的加工方向与试样长度方向一致。

（2）裂纹源焊道的堆焊应采用直径 $\phi 4 \sim 5mm$ 且符合《堆焊焊条》（GB/T 984）能确保焊道开裂的普通低合金钢堆焊焊条。堆焊时应从焊道的任一端向另一端进行连续焊接，焊接过程不应有间断。

（3）可用机械、薄砂轮片或线切割在焊道中心位置加工裂纹源缺口，但不得损伤试样表面。缺口底面应与试样表面平行。

（4）本试样类型适用于厚度不小于 12mm 的铁素体钢。

14.3　单边 V 型坡口对接焊接头落锤试样（GB/T 6803—2008）

14.3.1　试样图解及符号说明

单边 V 型坡口对接焊接头落锤试样图解及符号说明见图 14-3。

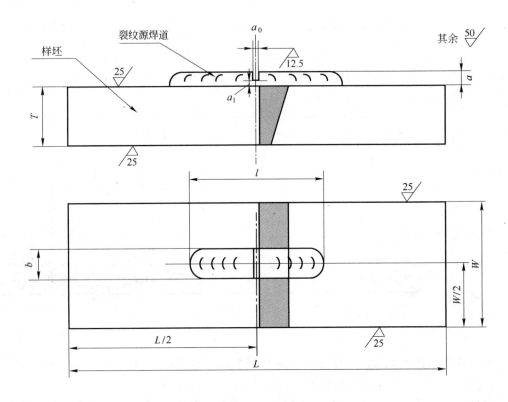

图 14-3　单边 V 型坡口对接焊接头落锤试样

T—试样厚度；W—试样宽度；L—试样长度；l—焊道长度；b—焊道宽度；a—焊道高度；a_0—缺口宽度；a_1—缺口底高

14.3.2　加工工序及方法

（1）试样制备按照《焊接接头机械性能试验取样法》（GB/T 2649）中有关规定进行。焊试板应防止产生挠曲和平面错位，若已产生挠曲和平面错位试板两面应机械加工至平直。试板两面的焊接加强高亦应机加工到与试样表面齐平。

（2）焊接 V 型坡口试样前，应该刨出焊接坯样，缺口达到标准要求。然后对焊坯样进行堆焊。

（3）裂纹源焊道的堆焊应采用直径 $\phi 4 \sim 5\text{mm}$ 且符合《堆焊焊条》（GB/T 984）能确保焊道开裂的普通低合金钢堆焊焊条。堆焊时应从焊道的任一端向另一端进行连续焊接，焊接过程不应有间断。

（4）缺口开在 HAZ 处，可用机械、薄砂轮片或线切割在焊道中心位置加工裂纹源缺口，但不得损伤试样表面。缺口底面应与试样表面平行。

（5）试样的尺寸及尺寸偏差等应和板材 NDT 试样一致，例如标准试样、辅助试样等。表 14-3 仅仅列出标准试样的尺寸及其偏差。

表 14-3　标准试样的尺寸及其偏差　　　　　　　　　　　　　　　　　　　（mm）

名　称	试 样 型 号		
	P-7	P-8	P-9
试样厚 T	25.0 ± 2.5	20.0 ± 1.0	16.0 ± 0.5
试样宽 W	90.0 ± 2.0	50.0 ± 1.0	50.0 ± 1.0
试样长 L	360.0 ± 5.0	130.0 ± 2.5	130.0 ± 2.5
焊道长 l	$40 \sim 85$	$20 \sim 65$	$20 \sim 65$
焊道宽 b	$12 \sim 16$	$12 \sim 16$	$12 \sim 16$
焊道高度 a	$3.5 \sim 5.5$	$3.5 \sim 5.5$	$3.5 \sim 5.5$
缺口宽度 a_0	$\leqslant 1.5$	$\leqslant 1.5$	$\leqslant 1.5$
缺口底高 a_1	$1.8 \sim 2.0$	$1.8 \sim 2.0$	$1.8 \sim 2.0$

14.4　K 型坡口对接焊接头落锤试样（GB/T 6803—2008）

14.4.1　试样图解及符号说明

K 型坡口对接焊接头落锤试样图解及符号说明见图 14-4。

14.4.2　加工工序及方法

（1）试样制备按照《焊接接头机械性能试验取样法》（GB/T 2649）中有关规定进行。对焊试板应防止产生挠曲和平面错位，若已产生挠曲和平面错位试板两面应机械加工至平直。试板两面的焊接加强高亦应机加工到与试样表面齐平。

（2）焊接 K 型坡口试样前，应该刨出焊接坯样，缺口达到标准要求。然后对焊坯样进行堆焊。

（3）裂纹源焊道的堆焊应采用直径 $\phi4\sim5mm$ 且符合《堆焊焊条》(GB/T 984) 能确保焊道开裂的普通低合金钢堆焊焊条。堆焊时应从焊道的任一端向另一端进行连续焊接，焊接过程不应有间断。

（4）缺口开在 HAZ 处，可用机械、薄砂轮片或线切割在焊道中心位置加工裂纹源缺口，但不得损伤试样表面。缺口底面应与试样

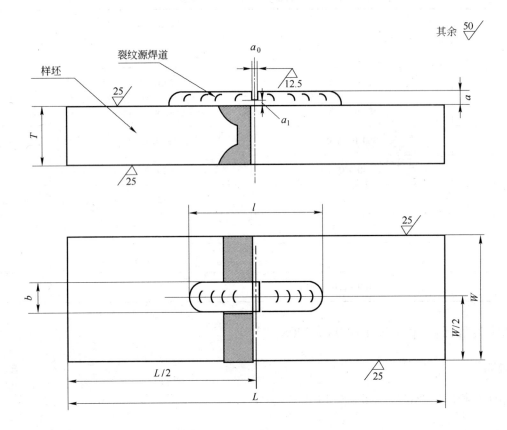

图 14-4 K 型坡口对接焊接头落锤试样

T—试样厚度；W—试样宽度；L—试样长度；l—焊道长度；b—焊道宽度；a—焊道高度；a_0—缺口宽度；a_1—缺口底高

表面平行。

（5）试样的尺寸及尺寸偏差等应和板材 NDT 试样一致，例如标准试样、辅助试样等。表 14-4 仅仅列出标准试样的尺寸及其偏差。

表 14-4　标准试样的尺寸及其偏差

（mm）

名　称	试 样 型 号		
	P-13	P-14	P-15
试样厚 T	25.0 ± 2.5	20.0 ± 1.0	16.0 ± 0.5
试样宽 W	90.0 ± 2.0	50.0 ± 1.0	50.0 ± 1.0
试样长 L	360.0 ± 5.0	130.0 ± 2.5	130.0 ± 2.5
焊道长 l	$40 \sim 85$	$20 \sim 65$	$20 \sim 65$
焊道宽 b	$12 \sim 16$	$12 \sim 16$	$12 \sim 16$
焊道高度 a	$3.5 \sim 5.5$	$3.5 \sim 5.5$	$3.5 \sim 5.5$
缺口宽度 a_0	$\leqslant 1.5$	$\leqslant 1.5$	$\leqslant 1.5$
缺口底高 a_1	$1.8 \sim 2.0$	$1.8 \sim 2.0$	$1.8 \sim 2.0$

14.5　X 型坡口对接焊接头落锤试样（GB/T 6803—2008）

14.5.1　试样图解及符号说明

X 型坡口对接焊接头落锤试样图解及符号说明见图 14-5。

14.5.2　加工工序及方法

（1）试样制备按照 GB/T 2649《焊接接头机械性能试验取样法》中有关规定进行。对焊试板应防止产生挠曲和平面错位，若已产生

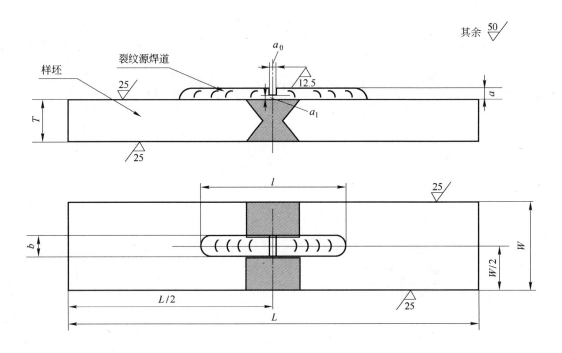

图 14-5 X 型坡口对接焊接头落锤试样

T—试样厚度；*W*—试样宽度；*L*—试样长度；*l*—焊道长度；*b*—焊道宽度；*a*—焊道高度；a_0—缺口宽度；a_1—缺口底高

挠曲和平面错位试板两面应机械加工至平直。试板两面的焊接加强高亦应机加工到与试样表面齐平。

（2）焊接 X 型坡口试样前，应该刨出焊接坯样，缺口达到标准要求。然后对焊坯样进行堆焊。

（3）裂纹源焊道的堆焊应采用直径 $\phi 4 \sim 5mm$ 且符合《堆焊焊条》（GB/T 984）能确保焊道开裂的普通低合金钢堆焊焊条。堆焊时应从焊道的任一端向另一端进行连续焊接，焊接过程不应有间断。

（4）缺口开在 HAZ 处，可用机械、薄砂轮片或线切割在焊道中心位置加工裂纹源缺口，但不得损伤试样表面。缺口底面应与试样表面平行。

（5）试样的尺寸及尺寸偏差等应和板材 NDT 试样一致，例如标准试样、辅助试样等。表 14-5 仅仅列出标准试样的尺寸及其偏差。

表 14-5 标准试样的尺寸及其偏差 (mm)

名　称	试　样　型　号		
	P-19	P-20	P-21
试样厚 T	25.0 ± 2.5	20.0 ± 1.0	16.0 ± 0.5
试样宽 W	90.0 ± 2.0	50.0 ± 1.0	50.0 ± 1.0
试样长 L	360.0 ± 5.0	130.0 ± 2.5	130.0 ± 2.5
焊道长 l	$40 \sim 85$	$20 \sim 65$	$20 \sim 65$
焊道宽 b	$12 \sim 16$	$12 \sim 16$	$12 \sim 16$
焊道高度 a	$3.5 \sim 5.5$	$3.5 \sim 5.5$	$3.5 \sim 5.5$
缺口宽度 a_0	$\leqslant 1.5$	$\leqslant 1.5$	$\leqslant 1.5$
缺口底高 a_1	$1.8 \sim 2.0$	$1.8 \sim 2.0$	$1.8 \sim 2.0$

第15章 金属材料 动态撕裂试样

15.1 标准动态撕裂试样（GB/T 5482—2007）

15.1.1 试样图解及符号说明

标准动态撕裂试样图解及符号说明见图 15-1。

15.1.2 加工工序及方法

（1）按照要求用刨或铣床以及磨床等方法将样坯加工成 180mm×40mm×t mm 的试样。厚度 t 为 5~16mm 的样坯应保留原始轧制面；对于厚度大于 16mm 的样坯，加工成 180mm×40mm×16mm 的试样。

（2）缺口开槽：试样缺口可采用铣削或线切割等方法加工，但一组试样必须采用同一种加工方式。

（3）压制缺口：使用硬度不小于 60HRC 的压刀压制缺口，压制过程中采用位移控制法或载荷控制法，保证试样缺口和缺口顶端的压制尺寸符合要求。表 15-1 列出压制缺口尺寸和公差。

表 15-1 缺口尺寸和公差 （mm）

缺 口 几 何 参 数	尺 寸	公 差
净宽 $(b-a)$/mm	28.5	±0.2
机加工缺口宽度 b_n/mm	1.6	±0.1
机加工缺口根部角度 a_n/(°)	60	±2
机加工缺口根部半径 r_n/mm	≤0.13	—
压制深度 D_t/mm	0.25	±0.13
压制顶端角度 a_t/(°)	40	±5
压制顶端根部半径 r_t/mm	≤0.025	—

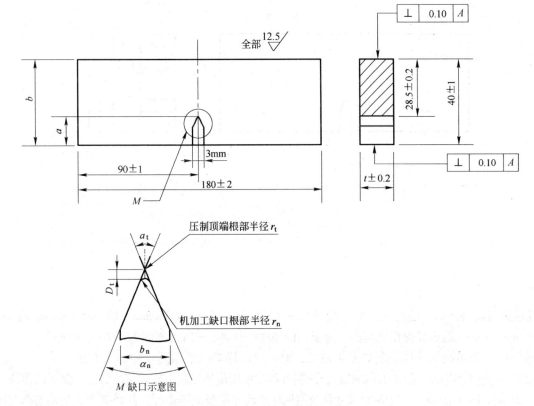

图 15-1　标准动态撕裂试样

b—试样宽度；*a*—缺口深度；*t*—试样厚度；b_n—机加工缺口宽度；a_n—机加工缺口根部角度；r_n—机加工缺口根部半径；

D_t—压制深度；a_t—压制顶端角度；r_t—压制顶端根部半径

15.2　大型动态撕裂试样（GB/T 5482—2007）

15.2.1　试样图解及符号说明

大型动态撕裂试样图解及符号说明见图 15-2。

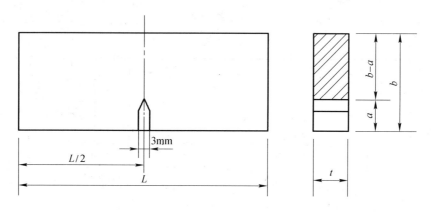

图 15-2 大型动态撕裂试样

L—试样长度；b—试样宽度；a—缺口深度；t—试样厚度；b_n—机加工缺口宽度；D_t—压制顶端深度

15.2.2 加工工序及方法

（1）按照要求用刨或铣床以及磨床等方法将试样加工成 460mm×120mm×25mm 或 550mm×160mm×32mm 或 650mm×200mm×40mm 的试样。板厚度为 25mm、32mm、40mm 的试样保留轧制面。对于其他厚度的样坯，加工成相应尺寸的大型试样。

（2）缺口开槽：试样缺口可采用铣削或线切割等方法加工，但一组试样必须采用同一种加工方法。

（3）压制缺口：使用硬度不小于 60HRC 的压刀压制缺口，压制过程中采用位移控制法或载荷控制法，保证试样缺口和缺口顶端的压制尺寸符合要求，其中 $b_n=3$mm，$D_t=1.0\pm0.15$mm，其余缺口尺寸和公差见标准动态撕裂试样要求。表 15-2 为大型动态撕裂试样尺寸。

表 15-2　大型动态撕裂试样尺寸　　　　　　　　　　　　　　　　　　　　　　　　　　（mm）

试样尺寸参数	试 样 厚 度		
	25	32	40
试样长度 L	460 ± 5	550 ± 5	650 ± 5
试样宽度 b	120 ± 1	160 ± 1	200 ± 1
试样厚度 t	25 ± 0.5	32 ± 0.5	40 ± 0.5
净宽 $(b-a)$	75 ± 0.5	105 ± 0.5	135 ± 0.5

第 16 章　铁素体钢　落锤撕裂试样

16.1　压制 V 型缺口试样（GB/T 8363—2007）

16.1.1　试样图解及符号说明

压制 V 型缺口试样图解及符号说明见图 16-1。

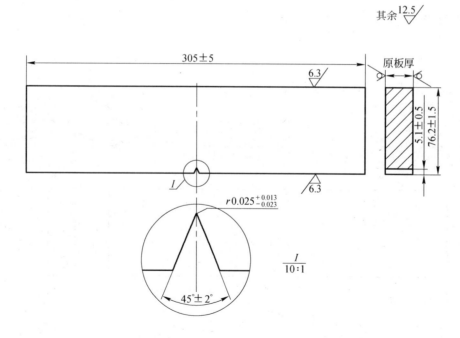

图 16-1　压制 V 型缺口试样

16.3.2　加工工序及方法

（1）按 GB/T 8363 试验方法进行 DWTT 试验时，以及按 APIRP5L3 进行一般韧性管线钢 DWTT 试验时，采用压制 V 型缺口试样。

（2）压制 V 型缺口时，采用专用冲压模具，将其冲压成形，禁止采用其他的加工方法。V 型缺口深度 5mm，尺寸公差 ±0.5mm；V 型缺口加工口角度 45°，角度公差 ±2°；V 型缺口的曲率半径 0.025mm，尺寸公差 −0.023mm 至 +0.013mm；试样上下表面的粗糙度不低于 6.3μm，其余部位的粗糙度不低于 12.5μm。

（3）试样总长度 305mm，尺寸公差 ±5mm；试样宽度 76.2mm，尺寸公差 ±1.5mm。

目前 DWTT 试验主要采用端面定位送样装置，因此建议试样总长 305mm，公差 −0.2mm 至 −2.5mm；试样一侧端面距缺口中心线 152.5mm，尺寸公差 −0.4mm 至 0mm。

（4）制样过程中应避免过热而影响金属材料的性能。

16.2　压制人字型缺口试样（GB/T 8363—2007）

16.2.1　试样图解及符号说明

压制人字型缺口试样图解及符号说明见图 16-2。

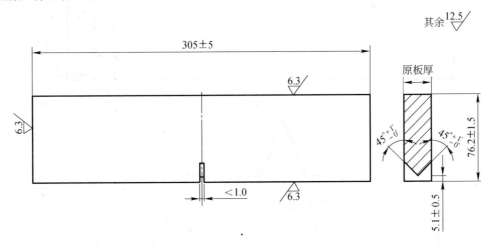

图 16-2　压制人字型缺口试样

16.2.2 加工工序及方法

（1）按 APIRP5L3 进行一般韧性管线钢 DWTT 试验时采用压制 V 型缺口，按 APIRP5L3 进行高韧性管线钢 DWTT 试验时采用机加工人字型缺口试样，可降低出现异常断口的概率。

（2）人字型缺口用线切割法加工。人字型缺口深度 5.1mm，尺寸公差 ±0.5mm；人字型缺口单边加工角度 45°，角度公差 ±1°；试样上下表面的粗糙度不低于 6.3μm，其余部位的粗糙度不低于 12.5μm。

（3）试样总长度 305mm，尺寸公差 ±5mm；试样宽度 76.2mm；尺寸公差 ±1.5mm。

目前 DWTT 试验主要采用端面定位送样装置，因此建议试样总长 305mm，公差 -0.2mm 至 -2.5mm；试样一侧端面距缺口中心线 152.5mm，尺寸公差 -0.4mm 至 0mm。

16.3 压制人字缺口背面开切口加垫片试样（GB/T 8363—2007）

16.3.1 试样图解及符号说明

压制人字缺口背面开切口加垫片试样图解及符号说明见图 16-3。

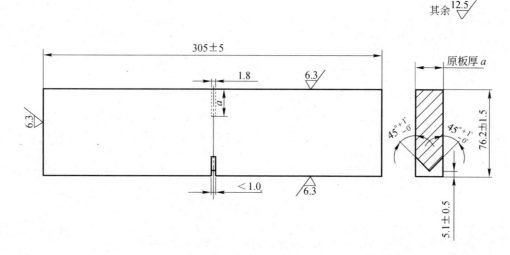

图 16-3 压制人字缺口背面开切口加垫片试样

16.3.2　加工工序及方法

（1）按 APIRP5L3 进行高韧性（厚度 >16mm）管线钢 DWTT 试验时采用机加工人字型缺口背面开切口试样，可大幅度降低出现异常断口的概率。该试样为非标试样且加工量较大，仅在异常断口现象影响到产品合格率等特殊情况下采用。

（2）人字型缺口与缺口背面切口采用线切割法加工，背面切口切割下的 $3 \times (a-1) \times a$ 小块仍保留在原来位置作为垫片使用（如掉下来，可垫纸张塞在原位）。人字型缺口深度 5.1mm，尺寸公差 ±0.5mm；人字型缺口单边加工角度 45°；角度公差 ±1°；试样上下表面的粗糙度不低于 6.3μm，其余部位的粗糙度不低于 12.5μm。

（3）试样总长度 305mm，尺寸公差 ±5mm；试样宽度 76.2mm，尺寸公差 ±1.5mm。

目前 DWTT 试验主要采用端面定位送样装置，因此建议试样总长 305mm，公差 -0.2mm 至 -2.5mm；试样一侧端面距缺口中心线 152.5mm，尺寸公差 -0.4mm 至 0mm。

（4）取样过程中应避免过热而影响金属材料的性能。

第17章 金属拉伸蠕变、持久试样

17.1 矩形横截面标准蠕变试样(GB/T 2039—1997)

17.1.1 试样图解及符号说明

矩形横截面标准蠕变试样图解及符号说明见图 17-1。

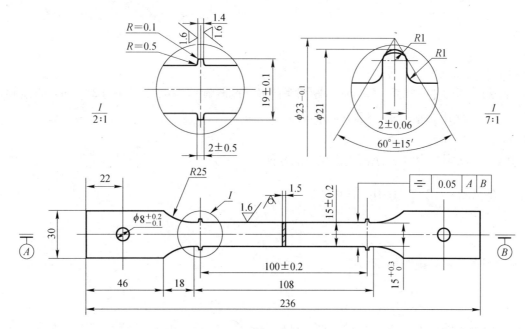

图 17-1 矩形横截面标准蠕变试样

R—过渡弧及顶弧半径

17.1.2 试样公差

矩形横截面标准蠕变试样公差符合表 17-1 的要求。蠕变试样厚度一般为 1～5mm，宽度 6～15mm，原始计算长度 50～100mm，推荐的标准试样见图 17-1 试样图解及符号说明。

表 17-1 矩形横截面标准蠕变试样公差 （mm）

试样标称厚度	尺寸公差	形状公差
1～5.0	±0.1	0.05

17.1.3 加工工序及方法

（1）按标准检查验收坯料。

（2）去掉毛坯料的热影响区或冷变形区。可用加工设备：平面铣床、台钻等。

（3）使用平面铣床加工平行部长度为 15mm±0.2mm，距离头部 R（过渡弧）为 4mm、高为 $2_{-0.1}^{+0}$mm 的顶弧。

（4）在头部划出孔的中心线，使用台钻打眼 $\phi 8_{-0.1}^{+0.2}$mm 即可。

（5）试样表面粗糙度 Ra 达到 1.6μm。

（6）试样在加工过程中不应因发热或加工硬化而改变材料的性能。

17.2 圆形横截面标准蠕变试样（GB/T 2039—1997）

17.2.1 试样图解及符号说明

圆形横截面标准蠕变试样图解及符号说明见图 17-2。

17.2.2 试样公差

圆形横截面标准蠕变试样公差应符合表 17-2 的要求，蠕变试样直径 5～10mm，原始计算长度 $5d_0$ 或 $10d_0$（也可采用 $12.5d_0$，d_0 为圆形横截面试样原始直径），推荐的标准试样见图 17-2。

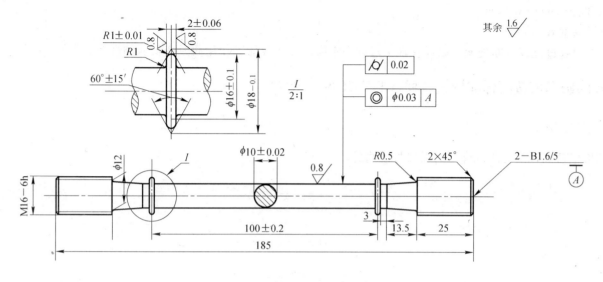

图 17-2　圆形横截面标准蠕变试样

R—过渡弧半径

表 17-2　圆形横截面标准蠕变试样公差　　　　　　　　　　　　　　　　　　　　　　（mm）

试样标称横向尺寸	尺 寸 公 差	形 状 公 差
5～6	±0.06	0.03
>6～10	±0.07	0.04
其他未注尺寸公差	按 JT// 加工	

17.2.3　加工工序及方法

（1）按标准检查验收坯料。

（2）去掉毛坯料的热影响区或冷变形区。可用加工设备：数控车床、锯床、台钻等。

（3）使用锯床将样坯加工成截面为 25mm×25mm 的长条形毛样，在试样两端用台钻打中心眼 ϕ4mm。

（4）使用数控车床加工试样头部螺纹为 M16、螺纹长度为 25mm，平行部截面直径为 ϕ10mm±0.02mm，I 的中心线距离平行部端部为 4mm，I 的顶弧高度为 2mm ±0.06mm。

（5）试样表面粗糙度 Ra 达到 0.8μm。

（6）试样表面不得有过烧或弯曲现象。试样在加工过程中不应因发热或加工硬化而改变材料的性能。

17.3　直径 5mm 的圆形横截面标准持久试样（GB/T 2039—1997）

17.3.1　试样图解及符号说明

直径 5mm 的圆形横截面标准持久试样图解及符号说明见图 17-3。

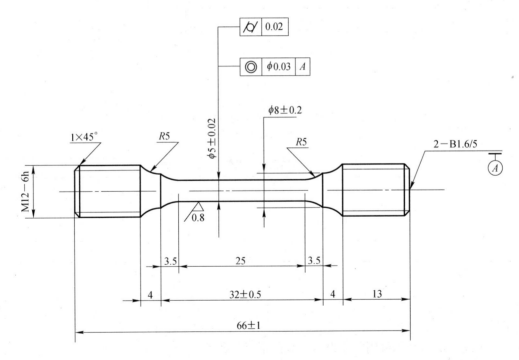

图 17-3　直径 5mm 的圆形横截面标准持久试样

R—过渡弧半径

17.3.2 试样公差

直径 5mm 的圆形横截面标准持久试样公差应符合表 17-3 的要求。标准持久试样直径为 5mm，原始计算长度为 25mm；为了准确地计算持久断后伸长率，可适当减小过渡弧半径。

表 17-3　直径 5mm 的圆形横截面标准持久试样公差　　　　　　　　（mm）

试样标称横向尺寸	尺 寸 公 差	形 状 公 差
5	±0.02	0.01

17.3.3 加工工序及方法

（1）按标准检查验收坯料。

（2）去掉坯料的热影响区或冷变形区，将坯料加工成 66mm(L)×20mm(W)×20mm(D) 大小的毛样，并用台钻打 ϕ4mm 中心孔。可用试样加工设备有：锯床、台钻、数控车床等。

（3）粗车：

1）将试样毛坯卡在三爪卡盘上车两端面，打 A 型中心孔并保持 66mm±1mm。

2）粗车螺纹外径 ϕ12mm±0.2mm，并将中间工作部粗车成 ϕ8mm。

3）双顶尖定位精车螺纹用 M12-6h 检验。

4）双顶尖夹持，车工作部 ϕ5.4～55mm。

5）在外圆磨床上双顶尖定位磨中间 ϕ5mm±0.02mm，平行部粗糙度 Ra 达到 0.8μm。

（4）试样表面粗糙度 Ra 达到 0.8μm。

（5）试样表面不得有过烧或弯曲现象。

（6）试样在加工过程中不应因发热或加工硬化而改变材料的性能。

17.4　直径 10mm 的圆形横截面标准持久试样（GB/T 2039—1997）

17.4.1 试样图解及符号说明

直径 10mm 的圆形横截面标准持久试样图解及符号说明见图 17-4。

17.4.2 试样公差

直径 10mm 的圆形横截面标准持久试样公差符合表 17-4 的要求。标准持久试样直径为 10mm，原始计算长度为 50mm；为了准确地计

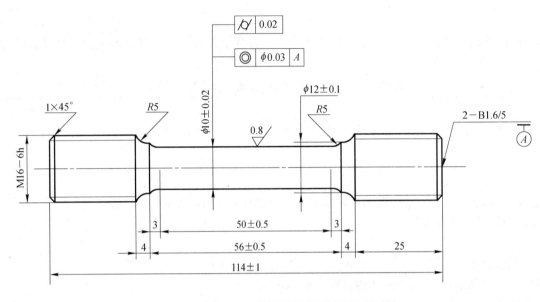

图 17-4 直径 10mm 的圆形横截面标准持久试样

R—过渡弧半径

算持久断后伸长率，可适当减小过渡弧半径。

表 17-4 直径 10mm 的圆形横截面标准持久试样公差 （mm）

试样标称横向尺寸	尺 寸 公 差	形 状 公 差
10	±0.02	0.01

17.4.3 加工工序及方法

（1）按标准检查验收坯料。

（2）去掉坯料的热影响区或冷变形区，将坯料加工成 114mm（L）×25mm（W）×25mm（D）大小的毛样，并用台钻打 ϕ4mm 中心孔。可用加工设备：锯床、台钻、数控车床等。

（3）粗车：

1）将坯料车两端面打 A 型中心孔，保持 114mm±1mm。

2）粗车螺纹外径 $\phi16mm \pm (0.15 \sim 0.20)mm$，并将中间工作部粗车成 $\phi12mm$。

3）双顶尖定位精车螺纹用 M12-6h 环规检验。

4）精车中间工作部到 $\phi10mm$，留 $0.3 \sim 0.5mm$ 磨量。

5）以两中心孔定位在外圆上磨 $R5$ 及 $\phi10mm \pm 0.02mm$，保持 $50mm \pm (0.2 \sim 0.5)mm$ 及 $\phi12mm \pm 0.5mm$，表面粗糙度 Ra 达到 $0.8\mu m$。

（4）试样表面粗糙度 Ra 达到 $0.8\mu m$。

（5）试样表面不得有过烧或弯曲现象。

（6）试样在加工过程中不应因发热或加工硬化而改变材料的性能。

17.5 矩形横截面标准持久试样（GB/T 2039—1997）

17.5.1 试样图解及符号说明

矩形横截面标准持久试样图解及符号说明见图17-5。

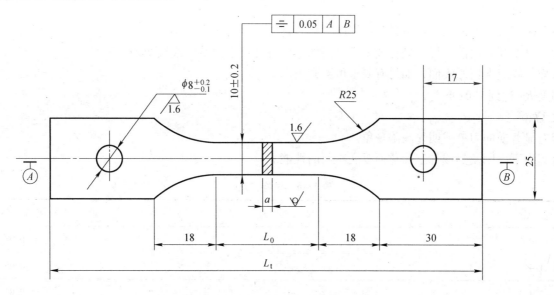

图 17-5 矩形横截面标准持久试样

a—矩形横截面试样厚度；L_0—试样原始计算长度；L_t—试样总长度

17.5.2 原始计算长度与厚度的关系

原始计算长度与厚度的关系见表17-5。矩形的横截面持久试样宽度一般为10mm，推荐的标准试样见图17-5。

表17-5 原始计算长度与厚度的关系 （mm）

a	≥0.8~1.0	>1.0~1.5	>1.5~2.4	>2.4~3.0
L_0	15	20	25	30
L_t	111	116	121	126

17.5.3 加工工序及方法

（1）按标准检查验收坯料。

（2）去掉毛坯料热影响区或冷变形区，加工设备：锯床、平面铣床、线切割。

（3）根据不同长度、厚度计算出试样尺寸进行加工。可用加工设备有：平面铣床或线切割。

（4）矩形横截面试样一般应保留原表面，如另有要求可磨光表面。

（5）试样表面粗糙度 Ra 达到 1.6μm。

（6）试样公差见表17-6。

（7）试样表面不得有显著横向刀痕或明显缺陷现象。

（8）试样在加工过程中不应因发热或加工硬化而改变材料的性能。

表17-6 试样公差 （mm）

试样标称厚度	尺寸公差	形状公差
≥0.8~1.0	±0.1	0.05
>1.0~1.5	±0.1	0.05
>1.5~2.4	±0.1	0.05
>2.4~3.0	±0.1	0.05

17.6 圆形横截面缺口持久试样(GB/T 2039—1997)

17.6.1 试样图解及符号说明

圆形横截面缺口持久试样图解及符号说明见图17-6。

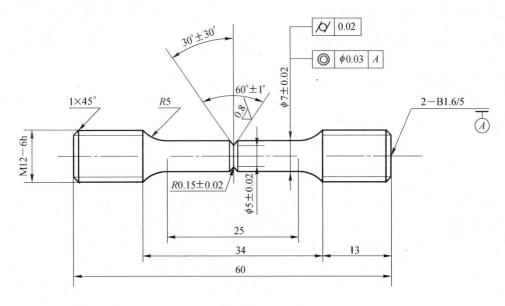

图 17-6 圆形横截面缺口持久试样

R—过渡弧半径

17.6.2 加工工序及方法

(1) 按标准检查验收坯料。

(2) 去掉毛坯料的热影响区或冷变形区,将坯料加工成 60mm(L)×20mm(W)×20mm(D)大小的毛样,并用台钻打 ϕ4mm 中心孔。可用加工设备:锯床、台钻、数控车床等。

(3) 粗车:

1）将坯料车两端面打 A 型中心孔，保持 60mm ± 1mm。

2）在普通车床上双顶尖夹持拨盘拨动粗车外径 $\phi12mm ± (0.15 \sim 0.2)mm$ 及中间工作部车成 $\phi8mm$，用尖刀连接 $R5$。

3）精车 M12-6h 螺纹，用 6h 环规检验。

4）粗车工作部到 $\phi7.3 \sim 7.5mm$。

5）在外圆磨床上双顶尖夹持拨盘拨动磨 $\phi7 ± 0.02mm$，粗糙度 Ra 达到 $0.8\mu m$。

6）在车床上以两中心孔定位粗车缺口留 0.5mm 磨量。

7）在外磨口或曲线磨床上精磨缺口，保持缺口底径 $\phi5mm ± 0.02mm$，圆弧 $R0.15mm ± 0.02mm$ 之尺寸，粗糙度 Ra 达到 $0.8\mu m$。

（4）试样公差值见表 17-7。

（5）试样表面粗糙度 Ra 达到 $0.8\mu m$。

（6）试样表面不得有过烧或弯曲现象。

（7）试样在加工过程中不应因发热或加工硬化而改变材料的性能。

表 17-7　试样公差

（mm）

试样标称横向尺寸	尺 寸 公 差	形 状 公 差
5	± 0.02	0.01
7	± 0.02	0.01

第18章 金属材料 应力松弛试样

18.1 拉伸应力松弛试样(GB/T 10120—1996)

18.1.1 试样图解及符号说明

拉伸应力松弛试样图解及符号说明见图18-1。

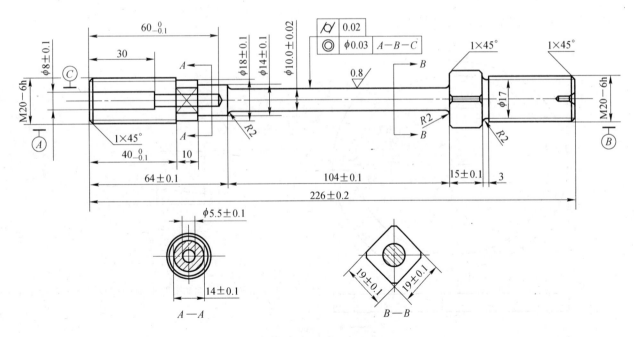

图 18-1 拉伸应力松弛试样

18.1.2 加工工序及方法

（1）验收坯料，下作业票。

（2）粗车试样外圆直径为 $\phi26mm$，长 $226\pm0.2mm$。

（3）两端打 A 型中心孔。卡住约 64mm 长，钻孔 $\phi5.5mm\pm0.1mm$，深 60mm 和 $\phi8\pm0.1mm$，深 30mm。倒角 $1.5\times45°$。

（4）以两端中心孔定位，车两端螺纹 M20，并符合标准要求。加工 $\phi18mm$、$\phi14mm$ 和试样中间工作部分 $\phi10mm+0.5mm$。

（5）铣 $19mm\times19mm$ 方肩。铣 14mm 扁台肩。

（6）磨削 $\phi10mm\pm0.02mm$，$Ra0.8\mu m$ 及 $R2$。保持 $104mm\pm0.1mm$ 尺寸。

18.2 等弯矩环状弯曲应力松弛试样（GB/T 10120—1996）

18.2.1 试样图解及符号说明

等弯矩环状弯曲应力松弛试样图解及符号说明见图 18-2。

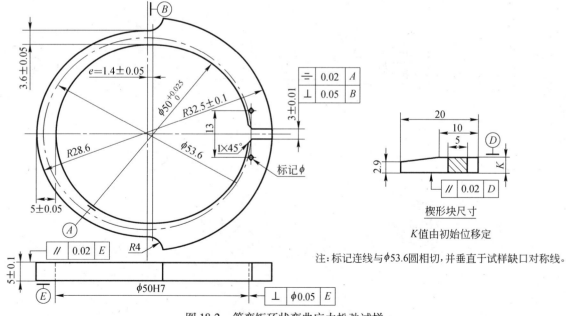

图 18-2 等弯矩环状弯曲应力松弛试样

18.2.2　加工工序及方法

（1）按标准验收坯料，下作业票。

（2）车毛坯料 ϕ65.5mm ±0.2mm，粗糙度 Ra3.2μm，厚度 5.5 ±0.1mm，粗糙度 Ra3.2μm，车内孔 ϕ49.5mm，粗糙度 Ra3.2μm。磨内孔 ϕ50mm +0.025mm，并磨一个端面。

（3）磨削两端面达 5mm ±0.1mm，粗糙度 Ra0.8μm。

（4）穿芯轴磨外圆 ϕ65mm ±0.1mm，粗糙度 Ra1.6μm。

（5）线切割切削 R28.6，偏心 1.4mm ±0.05mm 及圆弧 R4。开口 3mm ±0.1mm 与 ϕ 平行，粗糙度 Ra 达 0.8μm，使垂直 B。倒角1×45°。

（6）打标记 ϕ，保持两孔距离为 13mm。

第 19 章　金属材料　磨损试样

19.1　圆环形磨损试样(GB/T 12444.1—1990)

19.1.1　试样图解及符号说明

圆环形磨损试样图解及符号说明见图 19-1。

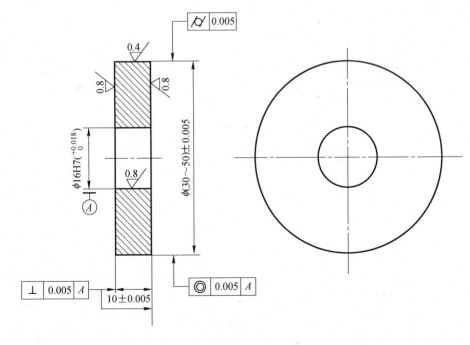

图 19-1　圆环形磨损试样

19.1.2 加工工序及方法

（1）按标准检查验收坯料并下作业票。

（2）在车床上用三爪夹住 ϕ22mm 凸台车外圆、端面、内孔，留 0.5mm 精加工余量。

（3）在万能外圆磨床上对试样精磨，一刀同时将内孔、端面和外圆加工好。将夹持部分车掉。平磨，车掉工艺台面 10 + 0.005mm，Ra0.8μm。

（4）在平面磨床上磨凸台平面保持 10mm ±0.05mm。

19.2 蝶形磨损试样（GB/T 12444.1—1990）

19.2.1 试样图解及符号说明

蝶形磨损试样图解及符号说明见图 19-2。

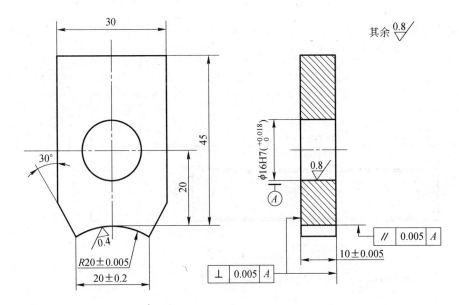

图 19-2 蝶形磨损试样

19.2.2 加工工序及方法

（1）按标准检查验收坯料并下作业票。

（2）粗加工：将毛坯刨成 30mm×48mm×11mm，粗糙度 $Ra3.2\mu m$。以 $\phi16mm$ 孔为基准画线，画出 $R20$，两侧 30°角，并粗钻 $\phi15.5mm$ 的孔。刨 30°斜面，及粗刨 $R20$，深度 2.67mm。

（3）加工 $\phi16H7+0.019mm$ 的孔。

（4）顶弧磨削成型。大平面磨削加工。

（5）精加工：在内孔磨床上用四爪夹持，磨 $\phi16mm+0.019mm$ 内孔，并用碗砂轮磨孔的端面。平磨另一端面，保持 $10\pm0.005mm$，粗糙度 Ra 达 $0.8\mu m$。以 $\phi16mm$ 孔定位，在工具磨床上用 $\phi40mm$ 砂轮磨 $R20$ 圆弧，粗糙度 Ra 达 $0.4\mu m$（用光学仪器测 $R20mm\pm0.005mm$）。

19.3 试环磨损试样（GB/T 12444—2006）

19.3.1 试样图解及符号说明

试环磨损试样图解及符号说明见图 19-3。

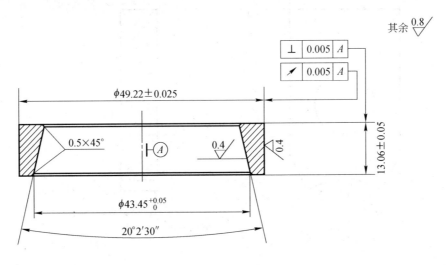

图 19-3 试环磨损试样

19.3.2 加工工序及方法

（1）按标准检查验收坯料。

（2）外圆精加工至 ϕ49.5mm±0.1mm。

（3）上端小孔经加工成型，下端直孔加工成型。

（4）20°2′30″锥孔成型（精车，或内孔磨）。

（5）穿芯轴磨外圆至 ϕ49.22mm±0.025mm，粗糙度 Ra 达 0.4μm 并磨端面。

（6）建议：在磨床上，磨好锥度芯轴，然后再将锥度环装上背母锁紧磨外圆。

19.4 试块磨损试样

19.4.1 试样图解

试块磨损试样图解及符号说明见图 19-4。

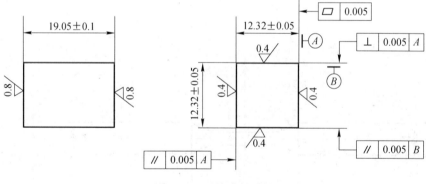

图 19-4 试块磨损试样

19.4.2 加工工序及方法

（1）按标准检查验收坯料，下作业票。

（2）样坯刨制成型，除长度外，留磨削余量 1mm 左右。

（3）四个直方平面磨削至精度要求。

第 20 章　金属材料　疲劳试样

20.1　旋转弯曲疲劳试样（GB/T 4337—2008）

20.1.1　试样图解及符号说明

旋转弯曲疲劳试样图解及符号说明见图 20-1。

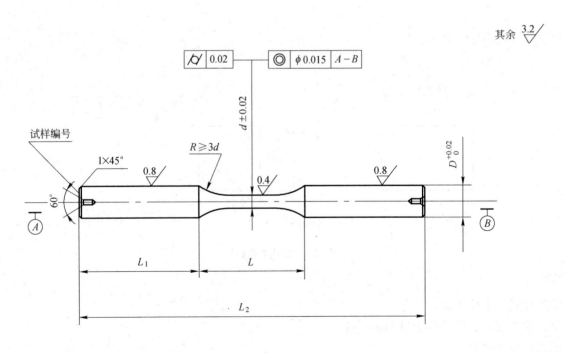

(a)

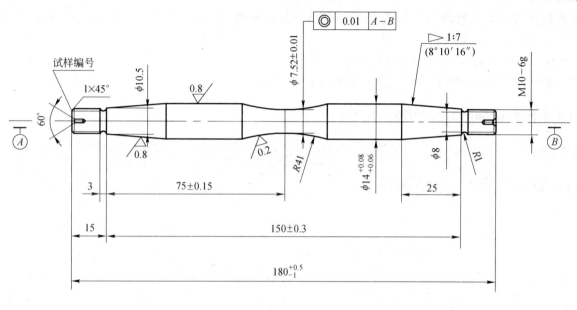

图 20-1　旋转弯曲疲劳试样

（a）圆柱形光滑试样示意图；（b）圆弧形光滑试样示意图

D—夹持部分或加工部分直径；d—最大应力处直径；r—圆柱形试样的夹持部分与试验部分之间过渡圆弧；

R—漏斗形试样夹持部分直径 D 与漏斗最小直径 d 之间的光滑连接

20.1.2　加工工序及方法

（1）对样品进行编号并填写工作单。

（2）车削两端长度达标准要求，试样两端打 A 型中心孔（根据直径的大小确定中心钻的大小，如疲劳试样 D 为 14mm，用外径

2.5mm；D 在 10mm 以下用外径 2.0mm 中心钻，锥面不宜过大）。以两中心孔为基准，粗车 D、d 及 M12 螺纹，用尖刀车削圆弧 R、锥面及精车直径 d，并留 0.5mm 磨削量。

（3）以中心孔为基准使用外圆磨床磨削 D、d、锥面及圆弧部分至标准规定尺寸。直径 d 为 6mm、7.5mm、9.5mm，d 的偏差为 +0.01～+0.03mm。夹持长度 L 最小为 40mm。

（4）粗车缺口 R0.75mm±0.02mm，留 0.03mm 磨削余量。

（5）用成型砂轮磨削缺口 R0.75mm±0.02mm，其表面粗糙度 Ra 0.2μm。

20.2 轴向疲劳试验光滑圆形试样（GB/T 3075—2008）

20.2.1 试样图解及符号说明

轴向疲劳试验光滑圆形试样图解及符号说明见图 20-2。

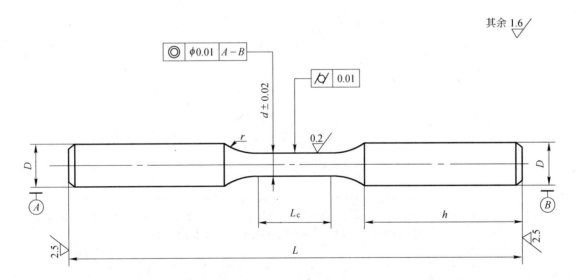

图 20-2　轴向疲劳试验光滑圆形试样

D—外部直径；d—测量部分直径，公差 ±0.02mm；r—过渡弧；L_c—平行段长度，平行度≤0.005$d$mm，

粗糙度≤0.2μm；h—夹持段长度；L—试样总长度

20.2.2 试样编号及尺寸规定

轴向疲劳试验光滑圆形试样编号及尺寸规定见表20-1。

表 20-1 轴向疲劳试验光滑圆形试样编号及尺寸规定 （mm）

d	D	$r_{最小}$	L_c	h	L
5	$\phi10$	15	17	55	143
8	$\phi14$	25	26	55	160
10	$\phi16$	30	32	55	168
15	$\phi24$	50	48	55	200

20.2.3 加工工序及方法

（1）取样、制样过程中应避免由于加工硬化或过热而影响金属的疲劳性能。推荐采用一致的机械加工而使其表面粗糙度细而均匀，以及采用使表面金属畸变最小的机加工或抛光工艺作为最后工序。可参考 GB/T 15248 附录 D 提供的机加工方法实例。

（2）试样加工过程中的表面粗糙度、残余应力、材料微观结构改变、污染物或杂质等因素对疲劳性能试验结果有显著的影响，应该采用合适的机加工流程来减小残余应力，尤其是在最终抛光阶段，磨削优于工具加工，随后进行抛光。

（3）磨削：试样磨削前的加工余量为 +0.1mm，以不超过 0.005mm/r （每转 0.005mm）的磨削速度进行磨削。

（4）抛光：用颗粒逐渐减小的砂布或砂纸（如 600 粒级碳化硅水砂纸）去除最后的 0.025mm 加工余量。推荐最后的抛光方向是沿着试样的轴向进行，即纵向抛光。外部直径同轴度≤0.005d；端面粗糙度≤2.5μm，其余部分粗糙度≤1.6μm。

（5）所有加工过程中都要保证试样充分的冷却，而且要用大约20倍的光学仪器检查试样表面，不允许有环向划痕。

（6）试样精加工后，应仔细清洗，立即防护，妥善保存，以防试样变形，表面损伤和腐蚀。

20.3 轴向疲劳试验光滑圆形螺纹头试样（GB/T 3075—2008）

20.3.1 试样图解及符号说明

轴向疲劳试验光滑圆形螺纹头试样图解及符号说明见图20-3。

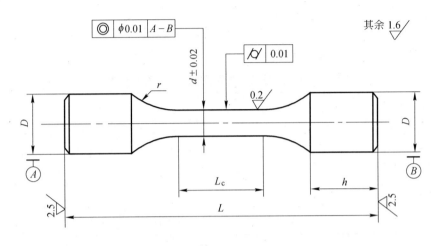

图 20-3　轴向疲劳试验光滑圆形螺纹头试样

D—螺纹头直径；d—试样工作部分直径，公差 ± 0.02mm；r—过渡弧；L_c—平行段长度，平行度不超过 $0.005d$mm，

粗糙度不超过 0.2μm；h—夹持段长度；L—试样总长度

20.3.2　试样编号及尺寸规定

轴向疲劳试验光滑圆形螺纹头试样编号及尺寸规定见表 20-2，如相关产品标准无具体规定，优先采用表中所列试样尺寸。

表 20-2　轴向疲劳试验光滑圆形螺纹头试样编号及尺寸规定　　　　　　　　　　　　　　　　（mm）

d	D	$r_{最小}$	L_c	h	L
3.6	$M8 \times 1$	12	13	15	57
5	$M11 \times 1$	15	17	17	69
8	$M16 \times 1$	25	26	20	113
10	$M22 \times 1$	30	32	25	118
15	$M32 \times 1$	50	48	35	174
20	$M39 \times 1$	60	64	45	219

20.3.3　加工工序及方法

（1）取样、制样过程中应避免由于加工硬化或过热而影响金属的疲劳性能。推荐采用一致的机械加工而使其表面粗糙度细而均匀，以及采用使表面金属畸变最小的机加工或抛光工艺作为最后工序。可参考 GB/T 15248 附录 D 提供的机加工方法实例。

（2）试样加工过程中的表面粗糙度、残余应力、材料微观结构改变、污染物或杂质等因素对疲劳性能试验结果有显著的影响，因此，要求试样加工的平均表面粗糙度应小于或等于 0.2μm。机加工过程中不能有机加工刮伤存在，最后工序应该消除在车削工序中产生的圆周方向的划痕。

（3）在最终抛光阶段，磨削优于工具加工（车削或铣削），随后进行抛光。

磨削：从离最终直径的 0.1mm 开始，以每转不超过 0.005mm（0.005mm/r）的进刀量磨削。

抛光：用逐次变细的砂布或砂纸（如 600 粒级碳化硅水砂纸）处理掉最后的 0.025mm 加工余量。建议最后的抛光方向是沿着试样的轴向进行，即纵向抛光。抛光后，用大约 20 倍的光学仪器检查试样表面，不允许有圆周方向的划痕存在。

（4）试样外部直径同轴度不超过 0.005d，端面粗糙度不超过 2.5μm，其余部分粗糙度不超过 1.6μm。

（5）所有加工过程中都要保证试样充分的冷却。

（6）试样精加工后，应仔细清洗，立即防护，妥善保存，以防试样变形、表面损伤和腐蚀。

20.4　疲劳试验光滑矩形截面试样（GB/T 3075—2008）

20.4.1　试样图解及符号说明

疲劳试验光滑矩形截面试样图解及符号说明见图 20-4。

20.4.2　试样编号及尺寸规定

疲劳试验光滑矩形截面试样编号及尺寸规定见表 20-3，如相关产品标准无具体规定，优先采用表中所列试样。

表 20-3　疲劳试验光滑矩形截面试样编号及规定
（mm）

a	b	B	$r_{最小}$	L_c	h	L	备　注
≤2	10	20	30	32	40	146	
2 < a ≤3	12.5	20	40	40	40	154	F_{max} ≤20kN 与（F_{max} − F_{min}）≤20kN
2 < a ≤3	12.5	20	40	40	48	170	F_{max} ≥20kN 或（F_{max} − F_{min}）≥20kN
3 < a ≤6	15	25	50	47	48	187	
6 < a ≤10	20	32	60	62	48	210	

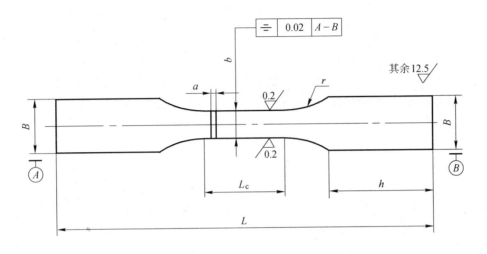

图 20-4　疲劳试验光滑矩形截面试样

B—夹持段宽度；a—试样厚度；r—过渡弧；L_c—平行段长度；

h—夹持段长度；L—试样总长度

20.4.3　加工工序及方法

（1）取样、制样过程中应避免由于加工硬化或过热而影响金属的疲劳性能。推荐采用一致的机械加工使其表面粗糙度细而均匀，以及采用使表面金属畸变最小的机加工或抛光工艺作为最后工序。可参考 GB/T 15248 附录 D 提供的机加工方法实例。

（2）试样精加工后，应仔细清洗，立即防护，妥善保存，以防试样变形，表面损伤和腐蚀。

（3）厚度面粗糙度不超过 0.2μm；其余部分粗糙度不超过 12.5μm。

（4）当板材厚度 $a > 10$mm 采用圆形高周疲劳试样。推荐最大受力计算公式：$F_{max} = ab \times R_{p0.2}$。

20.5　轴向力疲劳试样（GB/T 3075—2008）

20.5.1　试样图解及符号说明

轴向力疲劳试样图解及符号说明见图 20-5。

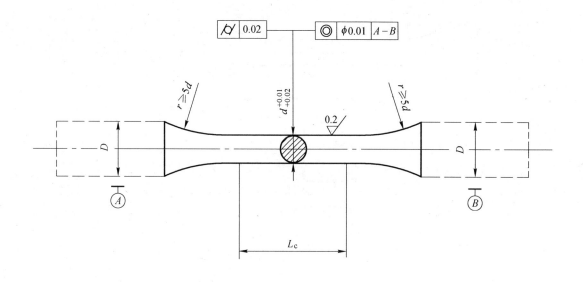

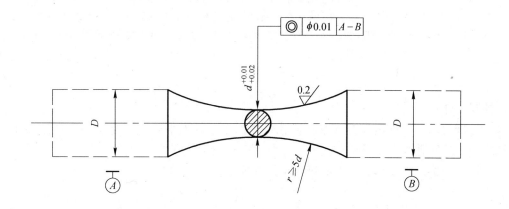

(a)

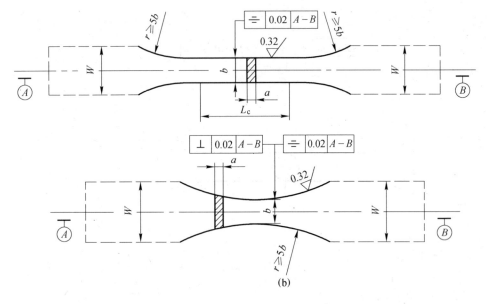

图 20-5　轴向力疲劳试样

（a）圆形横截面试样示意图；（b）矩形横截面试样示意图

D—圆形横截面试样夹持部分的直径或螺纹部分的外径；W—夹持部分宽度；d—最大应力处直径；b—测试宽度；a—测试部分厚度；

r—从测试直径（d）或者测试宽度（b）到夹持部分直径（D）或者宽度（W）之间过渡弧最小曲率半径

20.5.2　加工工序及方法

圆形横截面试样：

（1）对来料进行编号，填写工作单。

（2）车削试样两端长度达标准要求。试样两端打 A 型中心孔（根据直径的大小确定中心钻的大小，锥面不宜过大）。以两中心孔为基准，粗车外径 D 和直径 d，用尖刀车削圆弧 R 及精车直径 d 并留 0.5mm 磨削余量。

（3）以中心孔为基准，使用外圆磨床将试样磨削至标准规定尺寸要求。

矩形横截面试样：

（1）刨床粗加工外形尺寸。

（2）铣床用直径 φ50 的铣刀加工圆弧及工作部分。

20.6 轴向疲劳 V 型缺口圆形截面试样（$K_t = 3$，工作部分 40mm）（GB/T 3075—1982）

20.6.1 试样图解及符号说明

轴向疲劳 V 型缺口圆形截面试样（$K_t = 3$，工作部分 40mm）图解及符号说明见图 20-6。

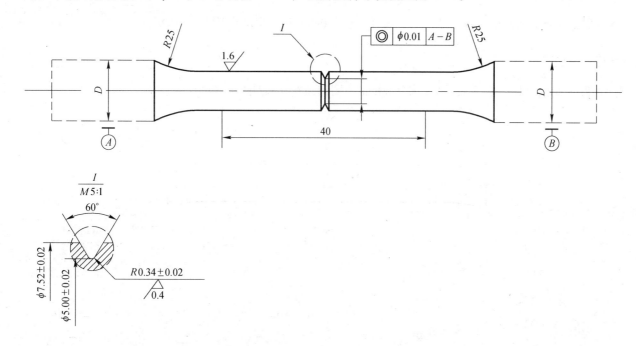

图 20-6 轴向疲劳 V 型缺口圆形截面试样（$K_t = 3$，工作部分 40mm）

D—圆形横截面试样夹持部分的直径或螺纹部分的外径；d—最大应力处直径；r—从 d 到 D 之间过渡弧最小曲率半径

20.6.2 加工工序及方法

（1）对来料进行编号，填写机加工工作单。

（2）车削试样两端长度达标准要求，试样两端用外径为 ϕ2.5mm 的中心钻打孔，锥面不宜过大。以两中心孔为基准，粗车外径 D 和直径 d，用尖刀车削圆弧 R 及精车直径 d 并留 0.5mm 磨削余量。

（3）以两中心孔为基准，使用外圆磨床磨削试样工作部分外径为 ϕ7.52mm 符合标准要求。

（4）试样上的 V 型缺口采用车床车制，车刀角度为 55°，刀尖半径 $r=0.2$mm，并留 0.3mm 磨量。

（5）使用曲线磨床或外圆磨床，修整 60°砂轮磨削缺口，达标准要求。

20.7　轴向疲劳 V 型缺口圆形截面试样（$K_t=3$，工作部分 60mm）（GB/T 3075—1982）

20.7.1　试样图解及符号说明

轴向疲劳 V 型缺口圆形截面试样（$K_t=3$，工作部分 60mm）图解及符号说明见图 20-7。

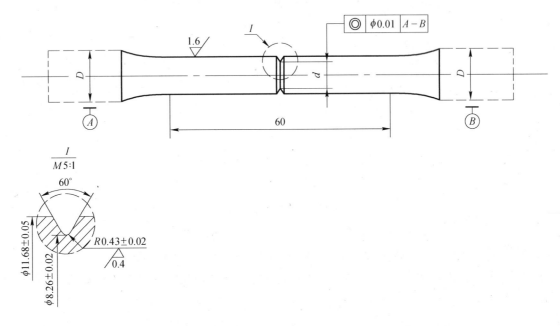

图 20-7　轴向疲劳 V 型缺口圆形截面试样（$K_t=3$，工作部分 60mm）

D—圆形横截面试样夹持部分的直径或螺纹部分的外径；d—最大应力处直径；r—从 d 到 D 之间过渡弧最小曲率半径

20.7.2 加工工序及方法

（1）对来料进行编号，填写机加工工作单。

（2）车削试样两端长度达标准要求，试样两端用外径为 $\phi2.5mm$ 的中心钻打孔，锥面不宜过大。以两中心孔为基准，粗车外径 D 和直径 d，用尖刀车削圆弧 R 及精车直径 d 并留 $0.5mm$ 磨削余量。

（3）以两中心孔为基准，使用外圆磨床磨削试样工作部分符合标准要求。

（4）试样上 V 型缺口采用车床车制，车刀角度为 55°，刀尖半径 $r=0.2mm$，并留 $0.3mm$ 磨量。

（5）使用曲线磨床或外圆磨床，修整 60°砂轮磨削缺口，达标准要求。

20.8 U 型缺口矩形截面试样（GB/T 3075—1982）

20.8.1 试样图解及符号说明

U 型缺口矩形截面试样图解及符号说明见图 20-8。

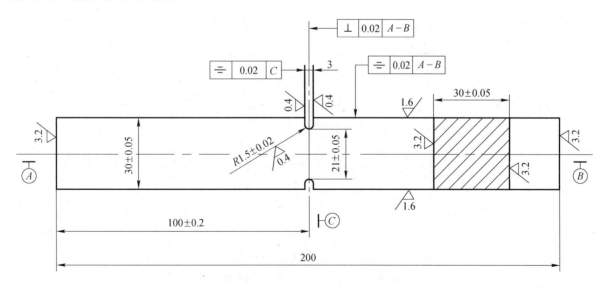

图 20-8　U 型缺口矩形截面样

20.8.2 加工工序及方法

（1）对来料进行编号，填写机加工工作单。

（2）使用刨床将样坯粗加工 31mm×31mm 方形试样，加工 U 型缺口，并预留 0.4mm 的精加工余量。

（3）使用平面磨床将试样四个面进行磨削达标准尺寸要求。

（4）利用曲线磨床精加工缺口达技术要求。圆形缺口在外圆磨床上加工。方形在曲线磨或工具磨床上，用模具定位磨削缺口。

20.9 扭应力疲劳试样（GB/T 12443—2007）

20.9.1 试样图解及符号说明

扭应力疲劳试样图解及符号说明见图 20-9。

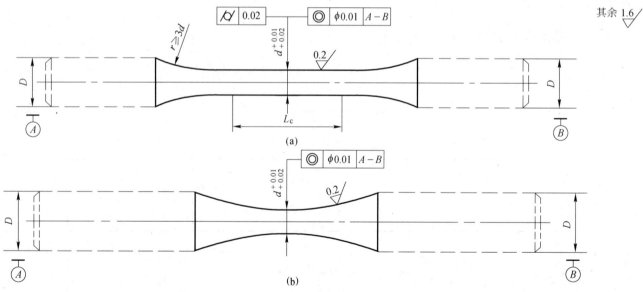

图 20-9 扭应力疲劳试样

（a）圆柱试样示意图；（b）漏斗形试样示意图

D—试样夹持端的直径或相对平面间的距离；d—试样工作部分最小直径；L_c—试样工作部分的平行长度；r—D 与 d 之间的过渡圆弧半径和夹持端之间的圆弧半径

20.9.2　加工工序及方法

（1）对来料进行编号，填写机加工工作单。

（2）试样直径取 5～12.5mm 范围。推荐的尺寸为 6mm、7.5mm、9.5mm。允许的偏差为 +0.01～+0.03mm。

（3）使用车床粗车试样外形尺寸，精车试样工作部分，最后以进刀量 0.05mm 车至试样磨前尺寸并留有 0.5mm 磨削量。试样工作部分和夹持部分的同轴度公差不超过 0.01mm。

（4）使用外圆磨床粗磨试样时的进刀量在 0.01～0.02mm。精磨时进刀量为 0.005mm，最后以 0.0025mm 进刀量将尺寸磨至标准要求，试样表面粗糙度 Ra 为 0.32μm。

（5）用 600 号砂纸对试样抛光，压力小于 2.5kg，抛光后试样工作部分布表面粗糙度 Ra 为 0.2μm。

20.10　滚动接触疲劳试验 JP-1 号试样（GB/T 10622—1989）

20.10.1　试样图解及符号说明

滚动接触疲劳试验 JP-1 号试样图解及符号说明见图 20-10。

20.10.2　加工工序及方法

（1）对来料进行编号，填写机加工工作单。

（2）粗车试样外径 $\phi62$mm，内孔至 $\phi29.5$mm，粗糙度 Ra 为 3.2μm。预留热处理量 0.5mm。精车 $\phi60.5$mm 及 $\phi54$mm 的部分。

（3）用内孔磨床将试样内孔磨削至尺寸要求，保证 20mm ± 0.1mm 尺寸，并磨一端面。

（4）平磨试样另一端面。

（5）将外圆磨床砂轮外径修成凹圆弧 R30，磨削试样外径达

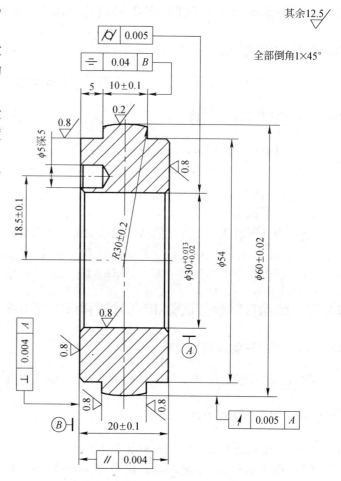

图 20-10　滚动接触疲劳试验 JP-1 号试样

$\phi60\text{mm} \pm 0.02\text{mm}$。

（6）标出 $\phi5\text{mm}$ 孔中心线。钻 $\phi5\text{mm}$ 孔达要求，孔的外端倒角。

（7）以内孔定位磨外圆 $R30$，表面粗糙度 Ra 为 $0.2\mu\text{m}$。

20.11　滚动接触疲劳试验 JP-2 号试样（GB/T 10622—1989）

20.11.1　试样图解及符号说明

滚动接触疲劳试验 JP-2 号试样图解及符号说明见图 20-11。

20.11.2　加工工序及方法

（1）对来料进行编号，填写机加工工作单。

（2）粗车试样外径 $\phi62\text{mm}$，内孔至 $\phi29.5\text{mm}$，粗糙度 Ra 为 $0.8\mu\text{m}$。预留热处理量 0.5mm。精车 $\phi60.5\text{mm}$ 及 $\phi54.5\text{mm}$ 的部分。

（3）用内孔磨床将试样内孔磨削至尺寸要求并磨一端面。

（4）平磨试样另一端面。

（5）将外圆磨床砂轮外径修成凹圆弧 $R80$，磨削试样外径达 $\phi60 \pm 0.02\text{mm}$ 及 $\phi54\text{mm}$ 台阶。

（6）标出 $\phi5\text{mm}$ 孔中心线。钻 $\phi5\text{mm}$ 孔达要求，孔的外端倒角。

（7）以内孔定位磨外圆 $R80$，表面粗糙度 Ra 为 $0.2\mu\text{m}$ 和 $\phi54$ 粗糙度 Ra 达 0.8。

20.12　滚动接触疲劳试验 JP-3 号试样（GB/T 10622—1989）

20.12.1　试样图解及符号说明

滚动接触疲劳试验 JP-3 号试样图解及符号说明见图 20-12。

20.12.2　加工工序及方法

（1）对来料进行编号，填写机加工工作单。

（2）粗车试样外径 $\phi62\text{mm}$，内孔至 $\phi29.5\text{mm}$，粗糙度 Ra 为 $0.8\mu\text{m}$。预留热处理量 0.5mm。精车 $\phi60.5\text{mm}$ 及 $\phi54.5\text{mm}$ 的部分。

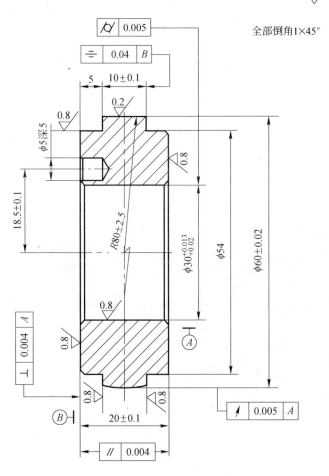

图 20-11 滚动接触疲劳试验 JP-2 号试样

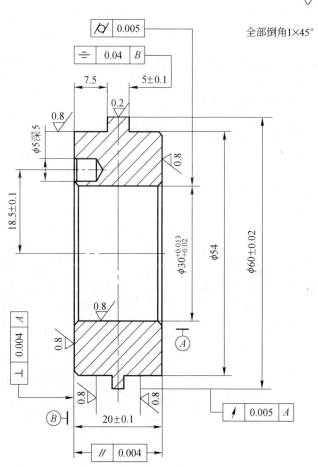

图 20-12 滚动接触疲劳试验 JP-3 号试样

（3）用内孔磨床将试样内孔磨削至尺寸要求并用碗形砂轮磨端面。

（4）平面磨床平磨试样另一端面。

（5）将外圆磨床砂轮外径修成凹圆弧 $R30$，磨削试样外径达 $\phi60mm \pm 0.02mm$。

（6）标出 $\phi5mm$ 孔中心线。钻 $\phi5mm$ 孔达要求，孔的外端倒角。

（7）以内孔定位磨外圆 $R30$，表面粗糙度 Ra 为 $0.2\mu m$。

20.13 滚动接触疲劳试验 JP-4 号试样（GB/T 10622—1989）

20.13.1 试样图解及符号说明

滚动接触疲劳试验 JP-4 号试样图解及符号说明见图 20-13。

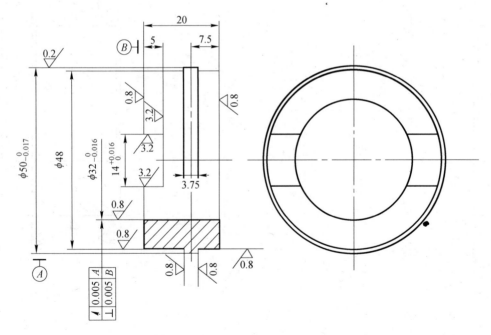

图 20-13 滚动接触疲劳试验 JP-4 号试样

20.13.2 加工工序及方法

（1）对来料进行编号，填写机加工工作单。

（2）粗车试样外径 $\phi62$mm，内孔至 $\phi31.5$mm，粗糙度 Ra 为 3.2μm。预留热处理量 0.5mm。精车 $\phi60.5$mm 及 $\phi54.5$mm 的部分。

（3）用内孔磨床将试样内孔磨削至尺寸要求，并平磨一端面。

（4）将外圆磨床砂轮外径修成凹圆弧 $R30$，磨削试样外径达 $\phi60$mm±0.02mm。

（5）按标准要求线切割 14mm×5mm 的键槽。

（6）以平磨过的试样端面为基准平磨试样另一端面至尺寸要求。

（7）以内孔定位磨外圆 $\phi50_{-0.017}^{\ 0}$mm，表面粗糙度 Ra 为 0.2μm。

20.14 滚动接触疲劳试验 PS-1 号试样（GB/T 10622—1989）

20.14.1 试样图解及符号说明

滚动接触疲劳试验 PS-1 号试样图解及符号说明见图 20-14。

20.14.2 加工工序及方法

（1）对来料进行编号，填写机加工工作单。

（2）粗车试样外径 $\phi62$mm，内孔至 $\phi29.5$mm，粗糙度 Ra 为 3.2μm。预留热处理量 0.5mm。精车 $\phi60.5$mm 及 $\phi54.5$mm 的部分。

（3）用内孔磨床将试样内孔磨削至尺寸要求，并平磨一端面。

（4）将外圆磨床砂轮外径修成凹圆弧 $R30$，磨削试样外径达 $\phi60$ ±0.02mm。

（5）标出 $\phi5$mm 孔中心线。钻 $\phi5$mm 孔达要求，孔的外端倒角。

（6）以平磨过的试样端面为基准平磨试样另一端面至厚度尺寸要求。

（7）以内孔定位磨外圆 $R30$，表面粗糙度 Ra 为 0.2μm。

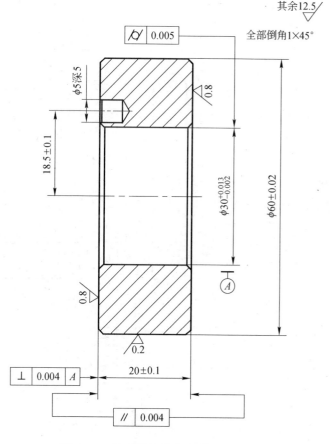

图 20-14 滚动接触疲劳试验 PS-1 号试样

20.15 滚动接触疲劳试验 PS-2 号试样（GB/T 10622—1989）

20.15.1 试样图解及符号说明

滚动接触疲劳试验 PS-2 号试样图解及符号说明见图 20-15。

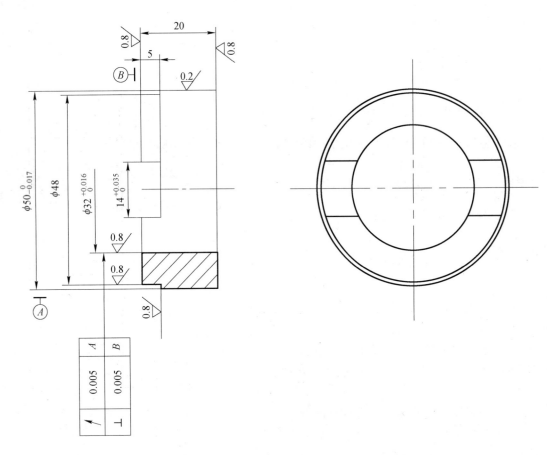

图 20-15 滚动接触疲劳试验

20.15.2　加工工序及方法

（1）对来料进行编号，填写试样加工单。

（2）粗车试样外径 $\phi52mm$，内孔至 $\phi31.5mm$ 尺寸，粗糙度 $Ra0.8\mu m$。预留热处理量 0.5mm，精车 $\phi50.5mm$ 及 $\phi48.5mm$ 的部分。

（3）用内孔磨床将试样内孔磨削至尺寸要求，并平磨一端面。

（4）用外圆磨床磨削，在磨床上用芯轴背母压紧，再磨削外径 $\phi50mm$，尺寸偏差为 $-0.017\sim0mm$ 及 $\phi48mm$ 之尺寸。

（5）用线切割机切出 14mm×5mm 的键槽。

（6）以磨过端面定位，用平面磨床平磨另一端面至厚度尺寸要求。

20.16　高温旋转弯曲疲劳试样（GB/T 2107—1980）

20.16.1　试样图解及符号说明

高温旋转弯曲疲劳试样图解及符号说明见图 20-16。

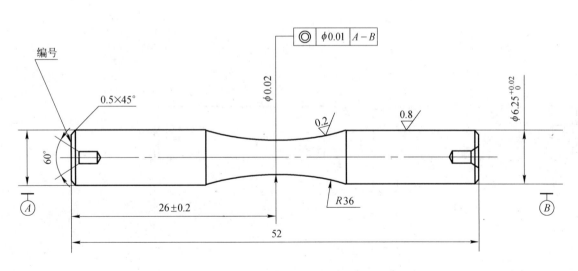

图 20-16　高温旋转弯曲疲劳试样

20.16.2 加工工序及方法

（1）对来料进行编号，填写试样加工单。

（2）使用车床粗车试样外形尺寸，精车工作部分，最后以进刀量为 0.05mm 车至磨前尺寸要求（留磨削余量 0.5mm）。试样工作部分和夹持部分的同轴度公差不超过 0.01mm。

（3）试样经外圆磨床磨制时应限制磨削量。粗磨时的磨削量应限制在 0.01~0.02mm。精磨时的磨削进刀量为 0.005mm，最后以 0.0025mm 磨削量磨至尺寸，粗糙度 Ra 为 0.32μm。

（4）用 600 号砂纸抛光，压力小于 2.5kg。工作部分达 Ra 为 0.2μm。

20.17 高温旋转弯曲疲劳缺口小试样（GB/T 2107—1980）

20.17.1 试样图解及符号说明

高温旋转弯曲疲劳缺口小试样图解及符号说明见图 20-17。

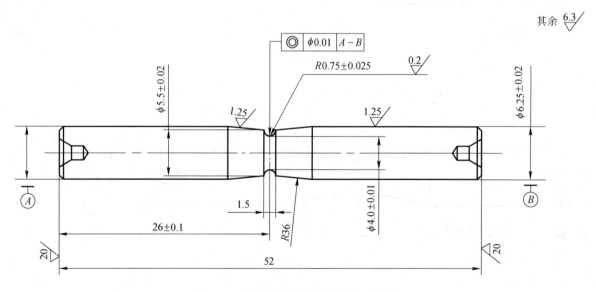

图 20-17 高温旋转弯曲疲劳缺口小试样

20.17.2 加工工序及方法

（1）对来料进行编号，填写试样加工单。

（2）车削试样两端长度为图纸要求，试样两端打 ϕ2mm 中心孔，锥面不宜过大。以两中心孔为基准，粗车外径和过渡圆弧 R36mm，并预留 0.5mm 的磨削量。试样的工作部分和夹持部分的同轴度公差不得超过 0.01mm。

（3）用砂轮修正器将外圆磨床的砂轮修成为 R36mm。粗磨 R36mm 至 R5.6mm，粗磨试样外圆直径至 6.35mm。磨削时应限制磨削量。粗磨的磨削量应控制在 0.01~0.02mm。精磨的磨削量为 0.005mm，最后以 0.0025mm 的磨削量将试样磨至标准尺寸，试样表面粗糙度 Ra 为 0.32μm。

（4）粗车工试样缺口 ϕ4mm，留 0.2mm 的磨削余量。

（5）磨床精加工缺口至尺寸 ϕ4mm，圆弧 R0.75±0.025mm，表面粗糙度 Ra0.2μm。

20.18 高温纯弯曲式旋转弯曲缺口疲劳试样（GB/T 2107—1980）

20.18.1 试样图解及符号说明

高温纯弯曲式旋转弯曲缺口疲劳试样图解及符号说明见图 20-18。

20.18.2 加工工序及方法

（1）对来料进行编号，填写试样加工单。

（2）车削试样两端长度达到要求并在两端打 ϕ2.5mm，深度为 5mm 中心孔。采用双顶尖、夹板粗车试样外圆至 ϕ15.0mm±0.1mm；用圆弧切刀开退刀槽至 ϕ8mm，槽宽 3mm，底部圆弧 r 0.2mm；粗车两端锥度 1：7，小刀架搬 4°5′8″，控制长度 23mm；车两端 M10 螺纹用 6h 环规检验；用车圆弧工具，车 R41 圆弧，控制锥面长在 25~26mm，直径在 ϕ9.5mm。精车两端 1：7 锥度，控制长在 24.5mm；精车外圆至 ϕ14.30mm；精车 R41 圆弧处至 ϕ9.30mm。

（3）粗磨外圆至 ϕ14.10mm，粗磨 1：7 锥度，留精磨余量 0.10mm。粗磨 R41 至 ϕ9.10mm。精磨：在外圆磨床上，用 R 修正器将砂轮修至凸 R41mm±1mm。横磨疲劳中间 R41 处，精磨至 ϕ9.02mm±0.02mm。表面粗糙度 Ra0.4μm，弦长 27.78mm。磨 R41 时，进刀量为 0.005mm，最后一刀进刀量为 0.0025mm。精磨两端 1：7 锥度，塞规检验达图纸要求。精磨外圆至 ϕ14$^{+0.08}_{+0.06}$mm，粗糙度 Ra 达 0.4μm。

（4）缺口加工。粗车 R0.75，去掉余量，留 0.5mm 磨量。精车至 ϕ7.80mm，车时进刀要小，防止变形。

（5）外圆磨床：粗车 $R0.75$ 至 $\phi8.50\text{mm}$。粗磨 $R0.75$ 至 $\phi7.60\text{mm}$，精磨 $R0.75$ 至 $\phi7.52\text{mm} \pm 0.02\text{mm}$，表面粗糙度 Ra 达 $0.2\mu\text{m}$。精磨进刀量为 0.005mm，以 0.0025mm 进刀量磨至尺寸。

（6）抛光：用 600 号砂纸或金刚砂毡轮抛光 $R41$ 圆弧。

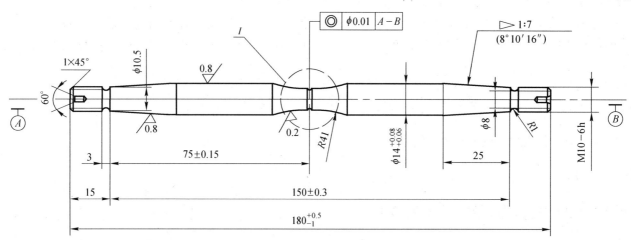

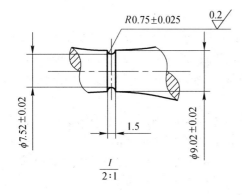

图 20-18 高温纯弯曲式旋转弯曲缺口疲劳试样

20.19　纯弯曲旋转弯曲疲劳试样（GB 2107—1980）

20.19.1　试样图解及符号说明

纯弯曲旋转弯曲疲劳试样图解及符号说明见图 20-19。

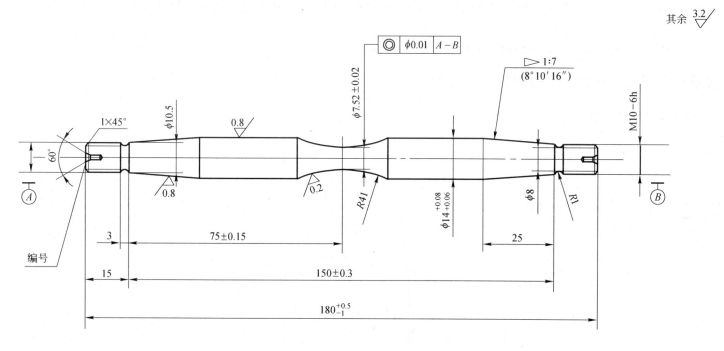

图 20-19　纯弯曲旋转弯曲疲劳试样

20.19.2　加工工序及方法

（1）编号：填写工作单。

（2）车床：车削两端尺寸达图纸要求并在两端打 A 型中心孔，深度为 5mm（中心钻为 $\phi2.5$mm）；用双顶尖、夹板粗车外圆至

$\phi15.0mm\pm0.1mm$；用圆弧切刀开退刀槽至$\phi8mm$，槽宽$3mm$，底部圆弧$r\,0.2mm$，保证$150mm\pm0.3mm$；粗车两端锥度$1:7$，小刀架搬$4°5'8''$，控制长度$23mm$；车两端M10螺纹（达二级精度）；用车圆弧工具，车$R41$圆弧，控制锥面长在$25\sim26mm$，直径在$\phi9.5mm$。精车两端$1:7$锥度，控制长在$24.5mm$；精车外圆至$\phi14.30mm$；精车$R41$圆弧处至$\phi9.30mm$。

（3）外圆磨床：粗磨外圆至$\phi14.10mm$，粗磨$1:7$锥度，留精磨余量$0.10mm$。粗磨$R41$至$\phi9.10mm$。精磨在外圆磨床上，用R修正器将砂轮修至凸$R41mm\pm1mm$。横磨疲劳中间$R41$处，精磨至$\phi9.02mm\pm0.02mm$。表面粗糙度Ra达$0.4\mu m$，弦长$27.78mm$。磨$R41$时，进刀量为$0.005mm$，最后一刀进刀量为$0.0025mm$。精磨两端$1:7$锥度，塞规检验达图纸要求。精磨外圆至$\phi14^{+0.08}_{+0.06}mm$，Ra达$0.4\mu m$。

（4）抛光：用600号砂纸或金刚砂毡轮抛光$R41$圆弧。

20.20　冷热疲劳试样（HB 6660—1992）

20.20.1　试样图解及符号说明

冷热疲劳试样图解及符号说明见图20-20。

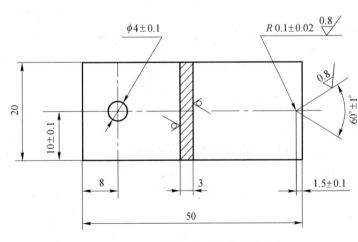

图20-20　冷热疲劳试样

20. 20. 2　加工工序及方法

（1）对来料进行编号，并填写加工委托单。

（2）使用刨床将样坯六面刨至尺寸，预留 0.5mm 磨削量。

（3）划线钻取 ϕ6mm ±0.1mm 孔。

（4）分别磨制试样各表面，达标准要求。

（5）利用曲线磨床开 60°缺口并保证缺口底部半径 R0.1mm。缺口加工设备有光学曲线磨床，工具磨床。使用工具磨床可先用线切割并留磨量，再将砂轮修成 60°，磨削缺口至尺寸要求。

第 21 章 金属材料 疲劳裂纹扩展试样

21.1 金属疲劳裂纹扩展速率紧凑拉伸 C(T)试样(GB/T 6398—2000)

21.1.1 试样图解及符号说明

金属疲劳裂纹扩展速率紧凑拉伸 C(T)试样图解及符号说明见图 21-1。

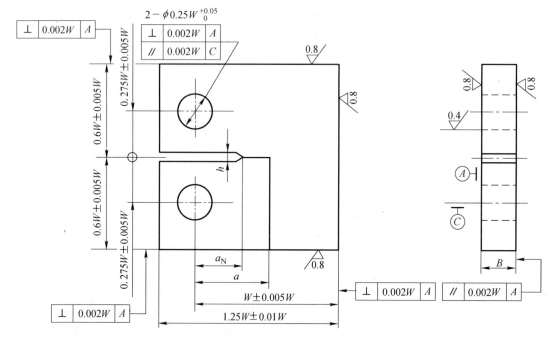

图 21-1 金属疲劳裂纹扩展速率紧凑拉伸 C(T)试样

B—试样厚度，$W/20 \leqslant B \leqslant W/4$；$W$—试样宽度，$W \geqslant 25\text{mm}$；$a_N$—试样切口长度，$a_N \geqslant 0.2W$；$a$—计算裂纹长度

21.1.2 加工工序及方法

（1）按图纸要求刨或铣加工长、宽、高各方向均留 0.5mm 磨量。

（2）将试样厚度磨至标准尺寸，并用已磨好两平面定位，加工长或宽方向一面至光。依次加工其余三面至尺寸精度。

（3）画中心线与 $2-\phi 0.25W$ 孔中心线，打中心眼。钻孔至尺寸要求。

（4）铣或线切割加工中心槽至精度要求。

（5）在加工时必须要注意的是，试样表面的磨削方向必须与疲劳裂纹的扩展方向相垂直，即磨削方向必须垂直于试样的宽度（W）方向，以便观察和测试疲劳裂纹的扩展长度，对疲劳裂纹的扩展速率进行测试。

21.2 金属疲劳裂纹扩展速率三点弯曲 SE(B) 试样（GB/T 6398—2000）

21.2.1 试样图解及符号说明

金属疲劳裂纹扩展速率三点弯曲 SE(B) 试样图解及符号说明见图 21-2。

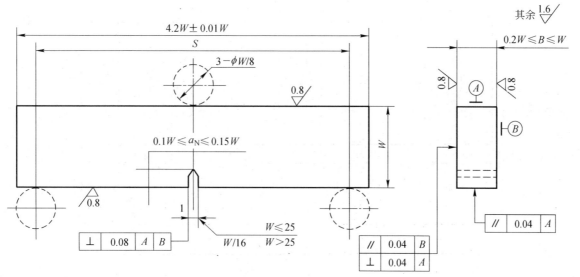

图 21-2　金属疲劳裂纹扩展速率三点弯曲 SE(B) 试样
B—试样厚度；W—试样宽度；a_N—试样切口长度

21.2.2　加工工序及方法

（1）按图纸要求刨或铣加工长、宽、高，各方向均留磨量0.5mm。

（2）厚度磨至标准尺寸$0.2W \leqslant B \leqslant W$，用已磨好两平面定位，宽度磨至标准尺寸，加工长度至要求尺寸。

（3）铣或线切割加工中心槽至精度要求。试样切口长度$0.1W \leqslant a_N \leqslant 0.15W$。

（4）在加工时必须要注意的是，试样表面的磨削方向必须与疲劳裂纹的扩展方向相垂直，即磨削方向必须沿着试样的长度方向，以便观察和测试疲劳裂纹的扩展长度，对疲劳裂纹的扩展速率进行测试。

21.3　金属疲劳裂纹扩展速率试样（CCT样，M(T)试样）（GB/T 6398—2000）

21.3.1　试样图解及符号说明

金属疲劳裂纹扩展速率试样图解及符号说明见图21-3。

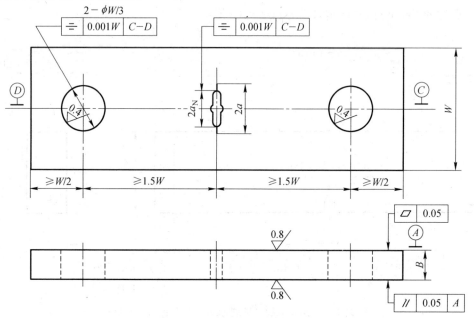

图21-3　$W \leqslant 75$mm 的 M(T)试样图

21.3.2 加工工序及方法

（1）按 GB/T 6398—2000 试样要求下料，在长、宽、厚度方向均加 5mm 的余量。

（2）按尺寸刨削或铣削试样。

（3）调整磨床行程、速度，按标准磨削试样保证尺寸 B 及形位公差。

（4）画线。画 2 孔的位置打中心眼。

（5）用组合夹具工装，按画线工画好的位置，加工两孔，尺寸要求留磨量 0.5mm。

（6）用组合夹具工装，在内圆磨床上磨两孔至标准尺寸，并达到位置公差要求。

（7）在立铣上或线切割机床上铣或线切出 $2a_N$-$2a$，并达到形位公差要求。

21.4　da/dN 标准试样尺寸标准化曲线图（GB/T 6398—2000）

21.4.1　试样图解及符号说明

da/dN 标准试样图解及符号说明见图 21-4。

21.4.2　加工工序及方法

（1）下料：热切留出热影响区 10～15mm 余量，机加工留 5～8mm 余量。

（2）粗加工：刨或铣 $W \times B$，留 0.5mm 磨量。荒磨 $W \times B$ 面。钳工画线或在轮具中钻 2-W/3 两孔达图纸要求。

（3）精加工：精磨 B 面，即两大面。以 2-W/3 两孔达图纸要求。

21.5　缺口样图及疲劳裂纹（GB/T 6398—2000）

21.5.1　试样图解及符号说明

缺口样图及疲劳裂纹试样图解及符号说明见图 21-5。

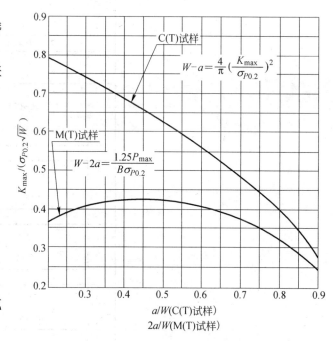

图 21-4　da/dN 标准试样尺寸标准化曲线图

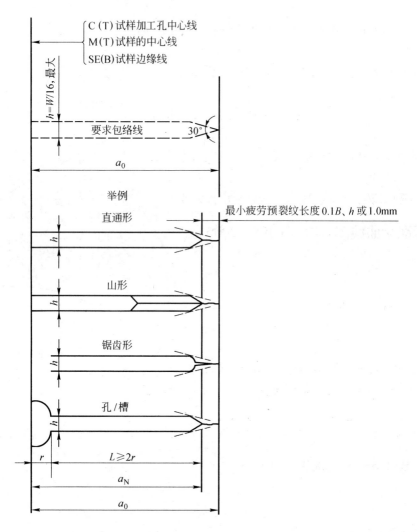

图 21-5　缺口样图及疲劳裂纹

21.5.2 加工工序及方法

裂纹扩展速率缺口形状样的加工。钼丝线切割：直通形、山形，末端为圆孔的缺口。A 的尺寸包括线切段。A 尺寸可计算出：疲劳裂纹线切割段 + 疲劳预制的裂纹长度。

21.6 金属疲劳裂纹扩展速率试样紧凑拉伸试样的 U 型锁孔夹具图(GB/T 6398—2000)

21.6.1 试样图解及符号说明

金属疲劳裂纹扩展速率试样紧凑拉伸试样图解及符号说明见图 21-6。

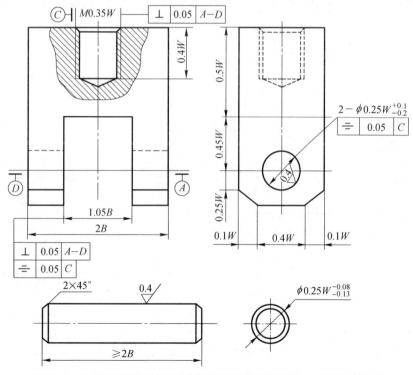

图 21-6　金属疲劳裂纹扩展速率试样紧凑拉伸试样的 U 型锁孔夹具图

21.6.2 加工工序及方法

（1）编号，写工件卡号。

（2）根据标准各面加 5mm（锯工）。

（3）铣工或刨工加工六面尺寸和加工斜角。

（4）画线。画出槽位及锁孔（中心位）。钻孔与攻丝（钳工）。

（5）铣或刨工加工 $1.05B \times 0.8W$ 槽。

（6）螺纹孔中心线与销孔中心线垂直且相交。

21.7 焊接接头疲劳裂纹扩展速率试样（CT 样）（GB/T 9447—1988）

21.7.1 试样图解及符号说明

焊接接头疲劳裂纹扩展速率试样（CT 样）图解及符号说明见图 21-7。

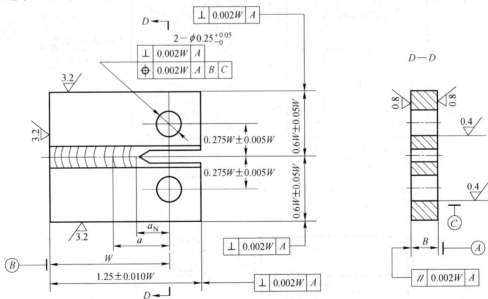

图 21-7 焊接接头疲劳裂纹扩展速率试样（CT 样）

21.7.2 加工工序及方法

（1）按图纸要求，取样长度、高和宽均≥5mm。

（2）按图纸要求长、宽、高各方向均留磨量 0.5mm 保证技术要求，平行度和垂直度≤0.20mm。

（3）厚度磨至标准尺寸。上组合夹具后，用已磨好两平面定位，加工长或宽一面至光。依次加工其余三面至尺寸精度。

（4）用组合夹具工装，车工加工两孔至尺寸要求。

（5）铣或线切割加工中心槽至精度要求。两销孔与中间槽中心线保持对称控制在 0.005W 之内。

21.8 焊接接头疲劳裂纹扩展速率试样（CCT 样）（GB/T 9447—1988）

21.8.1 试样图解及符号说明

焊接接头疲劳裂纹扩展速率试样（CCT 样）图解及符号说明见图 21-8。

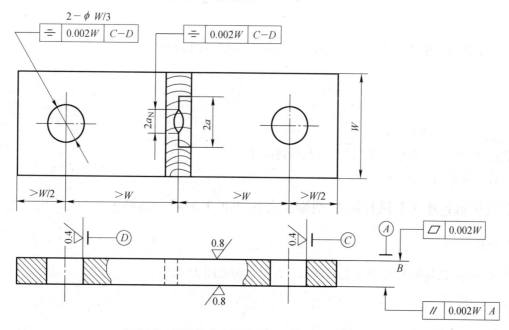

图 21-8 焊接接头疲劳裂纹扩展速率试样（CCT 样）

21.8.2 加工工序及方法

（1）按图纸要求，取样长度和厚度方向均加 5mm 的余量。

（2）按图纸要求，长度和厚度方向均留磨量 0.5mm。

（3）加工厚度方面（B 面）至尺寸要求。上组合夹具，用已加工面 B 定位，加工长度一面至光。加工长度方向另一面至标准尺寸。加工宽度方面两面至尺寸。

（4）用组合夹具工装，粗加工两孔至标准尺寸，留磨量 0.20mm。

（5）用组合夹具工装，精加工两孔至标准尺寸（磨工）。

（6）铣床或线切割加工 $2a_N \sim 2a$ 至尺寸要求。

21.9　焊接接头疲劳裂纹扩展速率缺口形状和最小预裂纹试样（GB/T 9447—1988）

21.9.1　试样图解

焊接接头疲劳裂纹扩展速率缺口形状和最小预裂纹试样图解及符号说明见图 21-9。

21.9.2　加工工序及方法

（1）直通形：用线切加工。

（2）山形：铣完角度后用线引发疲劳线。

山形缺口加工，用工装转动 30°，用角度铣刀铣缺口，然后再线切。

末端为圆孔的缺口，钻孔后线切引发裂纹。

21.10　焊接接头疲劳裂纹扩展速率 CT 试样的 U 型锁孔夹具（GB/T 9447—1988）

21.10.1　试样图解及符号说明

焊接接头疲劳裂纹扩展速率 CT 试样的 U 型锁孔夹具图解及符号说明见图 21-10。

21.10.2　加工工序及方法

（1）编号，写工件卡号。

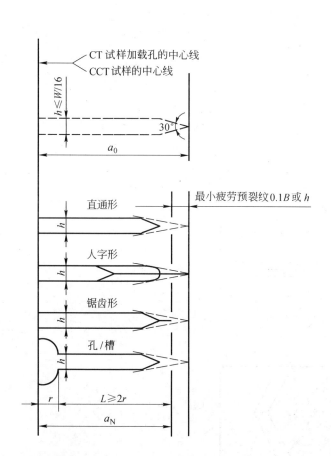

图 21-9 焊接接头疲劳裂纹扩展速率缺口形状和最小预裂纹试样

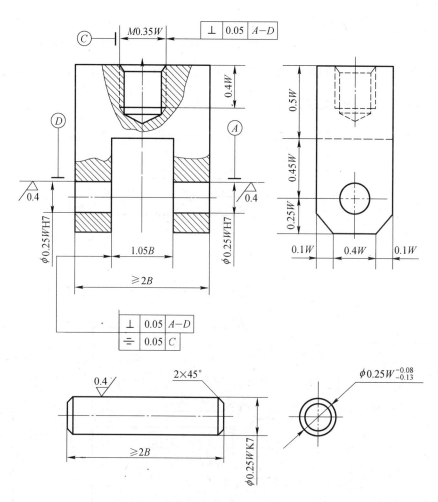

图 21-10 焊接接头疲劳裂纹扩展速率 CT 试样的 U 型锁孔夹具

（2）根据标准各面加 5mm（锯工）。

（3）铣工或刨工加工六面尺寸和加工斜角。

（4）画线。画出槽位及锁孔（中心位）。钻孔与攻丝（钳工）。

（5）刨工（或铣）加工 $1.05B \times 0.8W$ 槽。

（6）加工方法与紧凑拉伸试样的 U 型锁孔夹具加工方法相同（第 21.6 节）。

21.11　疲劳裂纹引发缺口形式（GB/T 4161—2007）

21.11.1　试样图解及符号说明

疲劳裂纹引发缺口形式试样图解及符号说明见图 21-11。

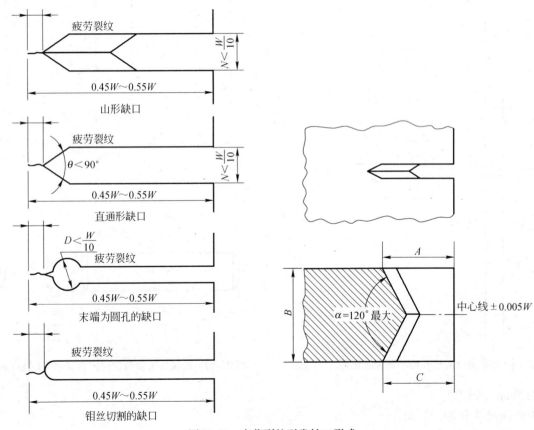

图 21-11　疲劳裂纹引发缺口形式

21.11.2 加工工序及方法

（1）夹牢试样，找正斜面，按标准铣削Ⅰ-山形缺口。Ⅰ-山形缺口宽度不小于1.6mm。

（2）直通形铣引发缺口，宽度不小于1.6mm。

（3）钻 D 孔。圆孔的缺口 W 在钻口时 $D < W/10$。铣引发缺口，保证缺口垂直于试样表面，偏差 $\leq \pm 2$mm。

（4）在加工好的样坯上直接切割出要求缺口。

21.12 C型拉伸［A（T）］试样 （$X/W = 0.5$）（GB/T 4161—2007）

21.12.1 试样图解及符号说明

C 型拉伸［A（T）］试样 （$X/W = 0.5$） 图解及符号说明见图 21-12。

21.12.2 加工工序及方法

（1）按技术标准验收下票。

（2）依次车端面，车外圆，钻内孔，车内孔，然后切断，保留 0.5 ~ 1mm 余量。

（3）首先用千分表找正，以保证两端面平行，车另一端面，达标准要求。

（4）画线：画出 2-ϕ0.25W 孔，打上中心眼，画出 0.25$W \pm 0.01W$ 的平行线，钻 2-ϕ0.25W 孔。

（5）用片铣刀，铣断，保持弦高 1.25$W \pm 0.01W$，留精加工余量 0.5mm。

（6）将铣切平面磨平，保持弦高 1.25$W \pm 0.01W$。

（7）铣削引发缺口。

（8）线切 a 引发裂纹线。

21.13 C型拉伸［A（T）］试样 （$X/W = 0$）（GB/T 4161—2007）

21.13.1 试样图解及符号说明

C 型拉伸［A（T）］试样 （$X/W = 0$） 图解及符号说明见图 21-13。

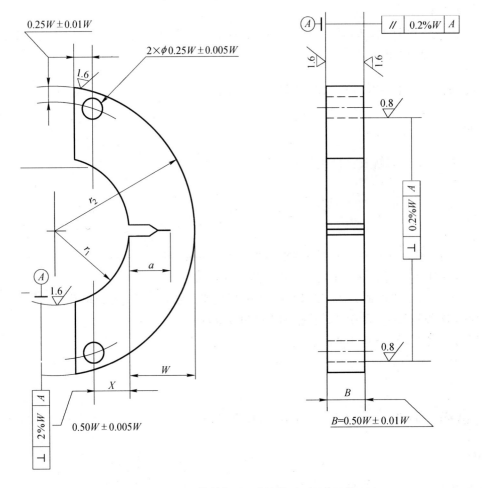

图 21-12　C 型拉伸［A（T）］试样　（$X/W = 0.5$）

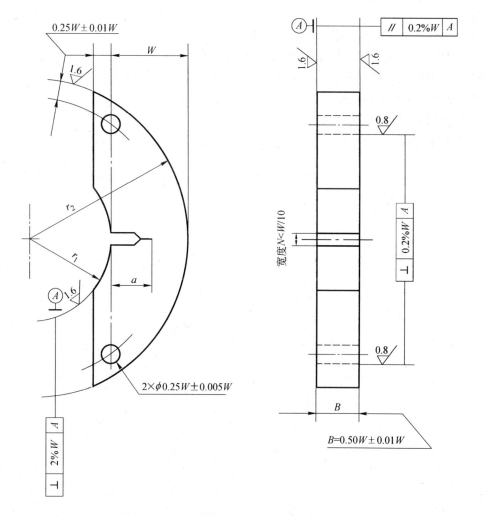

图 21-13   C 型拉伸[A(T)]试样（$X/W = 0$）

21.13.2 加工工序及方法

（1）按技术标准验收下票。

（2）依次车端面，车外圆，钻内孔，车内孔，然后切断，保留 0.5～1mm 余量。

（3）首先用千分表找正，以保证两端面平行，车另一端面，达标准要求。

（4）画线：画出 $2-\phi0.25W\pm0.005$ 孔，打上中心眼。画出 $W+0.25W$ 平行线。钻出 $2-\phi0.25W$ 孔。

（5）用片铣刀，沿 $0.25W\pm0.01W+W$ 平行线铣断。留 0.5mm 精加工余量。

（6）将铣切平面磨平，保持弦高 $1.25W\pm0.01W$。

（7）铣削引发缺口，达标准要求。

第 22 章　金属材料　断裂韧性试样

22.1　平面应变断裂韧度 K_{IC} 试验方法 SEB 试样（GB/T 4161—2007）

22.1.1　试样图解及符号说明

平面应变断裂韧度 K_{IC} 试验方法 SEB 试样图解及符号说明见图 22-1。

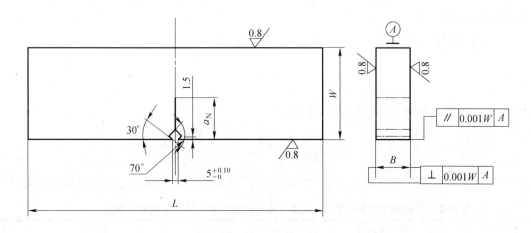

图 22-1　平面应变断裂韧度 K_{IC} 试验方法 SEB 试样

B—试样厚度；W—试样宽度；L—试样总长

22.1.2　试样编号及规定

平面应变断裂韧度 K_{IC} 试验方法 SEB 试样编号及规定见表 22-1。如相关产品标准无具体规定，优先用表中所列试样。

表 22-1　平面应变断裂韧度 K_{IC} 试验方法 SEB 试样编号及尺寸 （mm）

序　号	试　验	标　准		B	W	L	线切割 a_N
1	K_{IC}	GB/T 4161	标准	$\geqslant 2.5(K_{IC}/R_{P0.2})^2$	$2B$	$>4.2W$	B-2
2			推荐	25 ± 0.2	50 ± 0.2	215	23 ± 0.2

22.1.3　加工工序及方法

（1）取样、制样过程中应避免由于加工硬化或过热而影响性能。推荐采用一致的机械加工使其表面光洁度高而均匀，以及采用使表面金属畸变最小的机加工或抛光工艺作为最后工序。

（2）试样精加工后，应仔细清洗，并立即采取防护措施，加以妥善保存，以防试样变形，表面损伤和腐蚀。

（3）在加工时必须注意：试样表面的磨削方向必须与疲劳裂纹的扩展方向相垂直，即磨削方向沿着试样的长度方向，以便观察和测试预疲劳裂纹的扩展长度，达到标准的要求。

22.2　平面应变断裂韧度 K_{IC} 试验方法 CT 试样（GB/T 4161—2007）

22.2.1　试样图解及符号说明

平面应变断裂韧度 K_{IC} 试验方法 CT 试样图解及符号说明见图 22-2。

22.2.2　试样编号及规定

平面应变断裂韧度 K_{IC} 试验方法 CT 试样编号及规定见表 22-2。如相关产品标准无具体规定，优先采用表中的试样。

表 22-2　平面应变断裂韧度 K_{IC} 试验方法 CT 试样编号及尺寸偏差的规定 （mm）

序　号	试　验	标　准	W	B	线切割切口长度 a_N
1	K_{IC}	GB/T 4161 ASTM E399	50 ± 0.2	25 ± 0.2	23 ± 0.2

22.2.3　加工工序及方法

（1）取样、制样过程中应避免由于加工硬化或过热而影响金属的疲劳性能。推荐采用一致的机械加工使其表面光洁度高而均匀，以

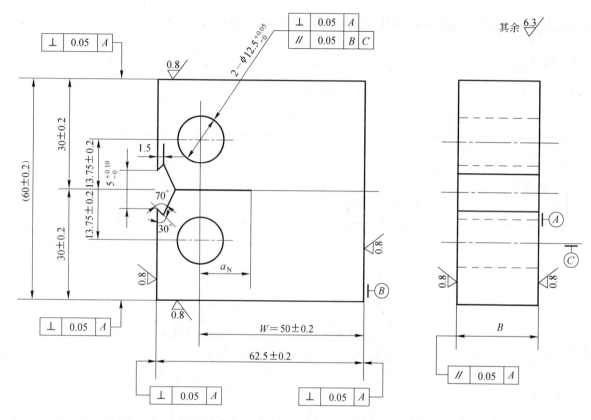

图 22-2 平面应变断裂韧度 K_{IC} 试验方法 CT 试样

B—试样厚度；W—试样宽度；L—试样总长；a_N—试样切口长度；a—计算裂纹长度

及采用使表面金属畸变最小的机加工或抛光工艺作为最后工序。

（2）试样精加工后，应仔细清洗，并立即采取防护措施，加以妥善保存，以防试样变形，表面损伤和腐蚀。

（3）在加工时必须要注意的是，试样表面的磨削方向必须与疲劳裂纹的扩展方向相垂直，即磨削方向必须垂直于试样的宽度（W）方向，以便观察和测试预疲劳裂纹的扩展长度，达到标准的要求。

（4）A、B 表面粗糙度不超过 $0.8\mu m$；其余表面不超过 $6.3\mu m$。

22.3 准静态断裂韧度的统一试验方法 J1CSEB 试样(GB/T 21143—2007)

22.3.1 试样图解及符号说明

准静态断裂韧度的统一试验方法 J1CSEB 试样图解及符号说明见图 22-3。

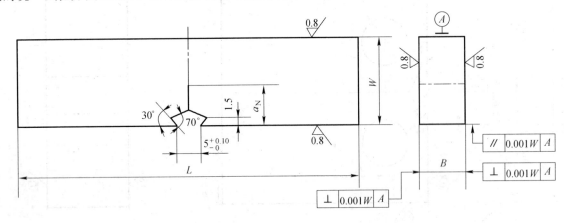

图 22-3 准静态断裂韧度的统一试验方法 J1CSEB 试样

B—试样厚度；W—试样宽度；L—试样总长

22.3.2 试样编号及尺寸规定

准静态断裂韧度的统一试验方法 J1CSEB 试样编号及尺寸规定见表 22-3。如相关产品标准无具体规定，优先采用表中所列试样尺寸。

表 22-3 准静态断裂韧度的统一试验方法 J1CSEB 试样编号及尺寸规定 　　　　　　　　　　　　（mm）

序 号	试 验	标 准		B	W	L	线切割 a_N
1			标准	$\geqslant 50 J_{IC} / (R_{p0.2} + R_m)$	$2B$	$>4.5W$	B-1 （$B>10$）
2	J_{IC}	GB/T 21143	推荐1	20 ± 0.2	40 ± 0.2	185	19 ± 0.2
3			推荐2	15 ± 0.15	30 ± 0.15	140	14 ± 0.2
4			推荐3	25 ± 0.2	50 ± 0.2	230	24 ± 0.2

22.3.3 加工工序及方法

（1）取样、制样过程中应避免由于加工硬化或过热而影响金属的疲劳性能。推荐采用一致的机械加工使其表面光洁度高而均匀，以及采用使表面金属畸变最小的机加工或抛光工艺作为最后工序。

（2）试样精加工后，应仔细清洗，并立即采取防护措施，加以妥善保存，以防试样变形，表面损伤和腐蚀。

（3）A、B表面粗糙度不超过 0.8 μm；其余表面粗糙度不超过 6.3 μm。

22.4 准静态断裂韧度的统一试验方法 J1CCT 试样（GB/T 21143—2007）

22.4.1 试样图解及符号说明

准静态断裂韧度的统一试验方法 J1CCT 试样图解及符号说明见图 22-4。

22.4.2 试样编号及规定

准静态断裂韧度的统一试验方法 J1CCT 试样编号及规定见表 22-4。如相关产品标准无具体规定，优先采用表中所列试样。

表 22-4　准静态断裂韧度的统一试验方法 J1CCT 试样编号及规定　（mm）

序　号	W	B	L	$2H$	h	D	线切割 a_N	d_1	d_2	d_3
1	50	25	62.5	60	17.75	12.5	24	20	13	6.2
2	40	20	50	48	14.2	10	19	16	10.4	5

22.4.3 加工工序及方法

（1）取样、制样过程中应避免由于加工硬化或过热而影响金属的疲劳性能。推荐采用一致的机械加工使其表面光洁度高而均匀，以及采用使表面金属畸变最小的机加工或抛光工艺作为最后工序。

（2）试样精加工后，应仔细清洗，并立即采取防护措施，加以妥善保存，以防试样变形，表面损伤和腐蚀。

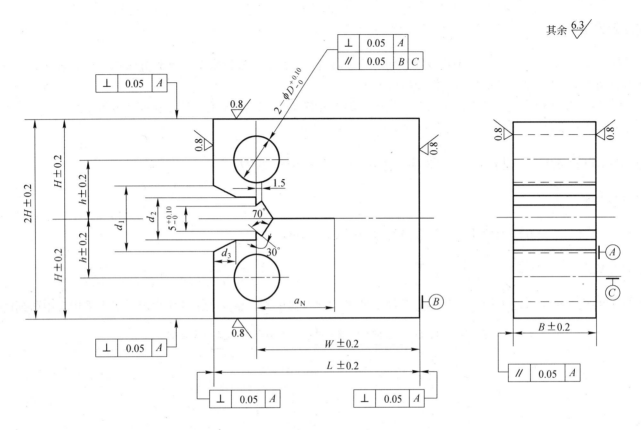

图 22-4　准静态断裂韧度的统一试验方法 J1CCT 试样

B—试样厚度；W—试样宽度；H—试样高度；h—试样中心孔与对称中心线距离；D—中心孔直径

22.5　准静态断裂韧度的统一试验方法 CTOD 试样（GB/T 21143—2007）

22.5.1　试样图解及符号说明

准静态断裂韧度的统一试验方法 CTOD 试样图解及符号说明见图 22-5。

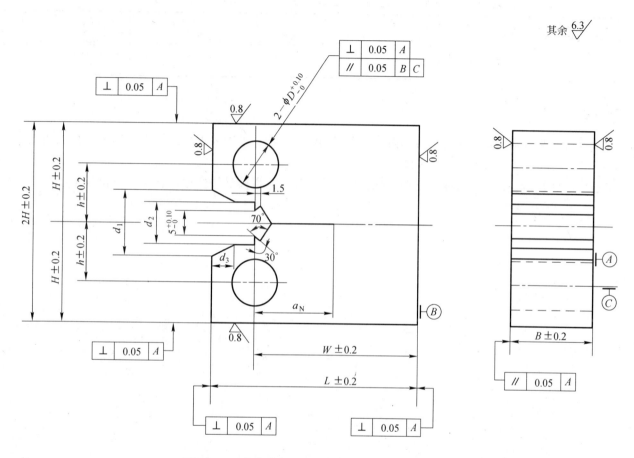

图 22-5　准静态断裂韧度的统一试验方法 CTOD 试样

B—试样厚度；*W*—试样宽度；*H*—试样高度；*h*—试样中心孔与对称中心线距离；*D*—中心孔直径

22.5.2　试样编号及尺寸规定

准静态断裂韧度的统一试验方法 CTOD 试样编号及尺寸规定见表 22-5。如相关产品标准无具体规定，优先采用表中所列试样。

表 22-5　准静态断裂韧度的统一试验方法 CTOD 试样编号及尺寸规定　　　　　　　　　　　　　　　　　　　（mm）

序　号	W	B	L	$2H$	h	D	线切割 a_N	d_1	d_2	d_3
1	50	25	62.5	60	17.75	12.5	24	20	13	6.2
2	40	20	50	48	14.2	10	19	16	10.4	5

22.5.3　加工工序及方法

（1）取样、制样过程中应避免由于加工硬化或过热而影响金属的疲劳性能。推荐采用一致的机械加工使其表面光洁度高而均匀，以及采用使表面金属畸变最小的机加工或抛光工艺作为最后工序。

（2）试样精加工后，应仔细清洗，并立即采取防护措施，加以妥善保存，以防试样变形，表面损伤和腐蚀。

第23章 金属材料 工艺性能试样

23.1 室温扭转试样(GB/T 10128—2007)

23.1.1 试样图解及符号说明

室温扭转试样图解及符号说明见图23-1。

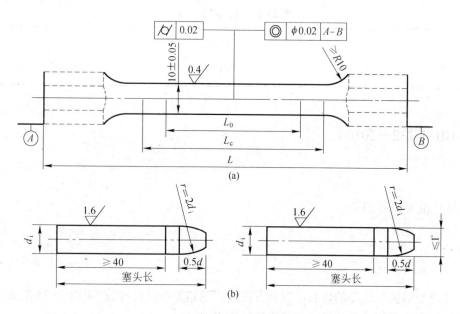

图23-1 室温扭转试样

（a）圆柱形试样示意图；（b）管形试样塞头示意图

d—圆柱形试样和管形试样平行长度部分的外直径；L_0—试样标距；L_e—试样平行长度；L—试样总长度；R—试样头部过渡半径；d_i—管形试样的内径

23.1.2 加工工序及方法

（1）按标准检查验收坯料。

（2）可用加工设备：圆车。推荐采用直径为 10mm，标距分别为 50mm 和 100mm，平行长度分别为 70mm 和 120mm 的试样。如采用其他直径的试样，其平行长度应为标距加上两倍直径。

（3）使用圆车把试样加工成两头平整的试样，管形试样的平行长度应为标距加上两倍外直径。管形试样应平直，试样两端应间隙配合塞头，塞头不应伸进其平行长度内。

（4）根据管口的尺寸加工塞头。塞头不宜太长，塞头长度与管材头部吻合即可。塞头表面粗糙度不劣于 1.6μm。

（5）试样公差尺寸见表 23-1。

表 23-1 试样公差尺寸 （mm）

试样标称横向尺寸	尺寸公差	形状公差
10	±0.05	0.02

23.2 金属材料弯曲试样（GB/T 232—2010）

23.2.1 试样图解及符号说明

金属材料弯曲试样图解及符号说明见图 23-2。

23.2.2 加工工序及方法

（1）检查验收坯料。

（2）去掉坯料的热影响区或冷变形区。试样的切取位置和方向应按照相关产品标准或 GB/T 2975 的要求切取。

（3）试样切取的厚度或直径首先依据相关产品标准，若未做具体规定时：

1）对于板材、带材和型材，试样厚度应为原产品厚度。或者将其机加工减薄至不小于 25mm，并保留一侧原表面。

2）对于直径（圆形横截面）或内切圆（多边形横截面）的产品，试样横截面应为原产品横截面，或者将其机加工成横截面内切圆

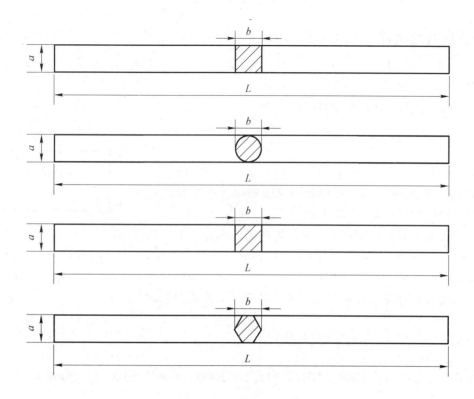

图 23-2　金属材料弯曲试样

a—试样厚度或直径（或多边形横截面内切圆直径）；*b*—试样宽度；*L*—试样长度

直径不小于 25mm 的试样。

3）试样加工过程中应避免由于加工硬化或过热而影响材料的性能结果。使用的加工设备有带锯床、刨床、立铣床和车床等。

（4）试样的长度应根据试样的厚度（或直径）和所使用的试验设备确定。

（5）试样表面不得有划痕和划伤。方形、矩形和多边形横截面试样的棱边应倒圆。棱边倒圆时不应形成影响试验结果的横向毛刺、伤痕或刻痕。

23.3 金属材料薄板(带)反复弯曲试样(GB/T 235—1999)

23.3.1 试样图解及符号说明

金属材料薄板（带）反复弯曲试样图解及符号说明见图 23-3。

23.3.2 加工工序及方法

（1）检查验收坯料。

（2）去掉坯料的冷变形部分。试样的切取位置和方向应按照相关产品标准或 GB/T 2975 的要求切取。样坯应保留足够的机加工余量。

（3）试样切取的厚度应为薄板或薄带产品的厚度，并保留两个原表面。试样的宽度应为 20～25mm。对于宽度小于 20mm 的产品，试样宽度应为原产品的全宽度。试样长度约为 150mm。加工设备：剪板机。

（4）机加工试样时，应使由于发热和加工硬化的影响减至最小。试样表面应无裂纹和伤痕，棱边应无毛刺。

（5）本试样适用于厚度小于或等于 3mm 的金属薄板和薄带。

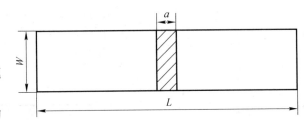

图 23-3　金属材料薄板（带）反复弯曲试样
L—试样长度；W—试样宽度；a—试样厚度

23.4 金属材料硬度试样(GB/T 230.1—2009、GB/T 231.1—2009、GB/T 4340.1—2009)

23.4.1 试样图解及符号说明

金属材料硬度试样图解及符号说明见图 23-4。

23.4.2 加工工序及方法

（1）制备试样时，应使过热或冷加工等因素对试样表面硬度的影响减至最小。

（2）试样表面应平坦光滑，并且不应有氧化皮及外界污物，尤其不应有油脂。试样表面应能保证压痕尺寸的精确测量，试样表面粗糙度参数 Ra 不大于 1.6μm，必要时可以对试样表面进行抛光处理。

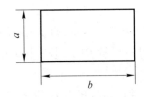

图 23-4　金属材料硬度试样
a—试样厚度；b—试样宽度或直径

（3）试样在制取中要保证两个端面相互平行，并与试样轴线相垂直。

（4）试样厚度的切取应遵照以下条款进行，可使用的加工设备：切割机。

1）布氏硬度试样至少应为压痕深度的 8 倍。

2）洛氏硬度试样对于用金刚石圆锥压头进行的试验，试样或试验层厚度应不小于残余压痕深度的 10 倍；对于用球压头进行的试验，试样或试验层的厚度应不小于残余压痕深度的 15 倍。

3）维氏硬度试样或试验层厚度至少应为压痕对角线长度的 1.5 倍，试验后试样背面不应出现可见变形压痕。

23.5 淬透性的末端淬火试验标准试样(1)(GB/T 225—2006)

23.5.1 样坯制取位置图解及符号说明

淬透性的末端淬火试验标准试样（1）图解及符号说明见图23-5。

23.5.2 加工方法

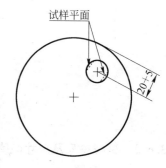

如产品标准和协议无具体要求时，可按如下方法从产品中取样而不考虑产品的厚度（或直径）：

（1）用热轧或锻造制成直径为 30~32mm 的样坯。

（2）也可用机械加工的方法制成直径为(25 + 0.5)mm 的样坯，其轴线与产品表面的距离应为(20 + 0.5)mm，如图 23-6 所示。

注意事项：当从连铸产品中取样时，建议取样前的压缩比至少不小于 8：1；在样坯机械加工前的所有成形过程中，产品各个面上变形应尽可能均匀；经特殊协议，可用一种适当的浇铸工艺制备试料，在铸造状态下进行试验；试样两个磨制平面的轴线应在距产品表面大致相同的距离处如图 23-6 所示。为此，应对样坯做标记以便可以清楚地辨别出其在圆棒上的位置。

图 23-5 淬透性的末端
淬火试验标准试样

23.6 淬透性的末端淬火试验标准试样(2)(GB/T 225—2006)

23.6.1 试样图解及符号说明

淬透性的末端淬火试验标准试样（2）图解及符号说明见图 23-6。

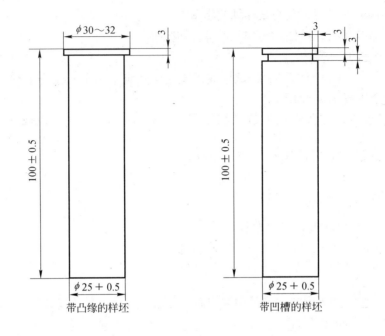

图 23-6　淬透性的末端淬火试验标准试样

23.6.2　试样符号及尺寸偏差

淬透性的末端淬火试验标准试样（2）符号及尺寸偏差见表23-2。

表 23-2　试样符号及尺寸偏差　　　　　　　　　　　　　　　　　（mm）

符　号	说　明	数　值
L	试样总长度	100 ± 0.5
D	试样直径	$25^{+0.5}_{0}$

23.6.3 加工工序及方法

（1）样坯用机械加工方法，制成直径 25mm，长 100mm 的圆棒。

（2）样坯非淬火端带有凸缘或凹槽（以使淬火时，用恰当的支座将试样迅速地对中和定位），其直径为 30～32mm 或 25mm（如图 23-6 所示）。必要时，应对样坯做标记（在非淬火端上）以使其相对于原试料的位置易于分辨。

（3）机加工时，试样的圆柱形表面应用精车加工，试样的淬火端面应进行适当的精细加工，最好用精细研磨的方法，并应去除毛刺。

（4）试样淬火后，磨制平行于试样轴向的两个硬度测试平面，磨削深度应为 0.4～0.5mm。磨制硬度平面时，应采用能供充足冷却液的细砂轮进行加工，防止任何可能的加热而引起试样组织发生变化。

23.7　金属材料线材反复弯曲试样（GB/T 238—2002）

23.7.1　试样图解及符号说明

金属材料线材反复弯曲试样图解及符号说明见图 23-7。

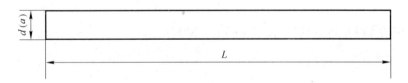

图 23-7　金属材料线材反复弯曲试样

$d(a)$—圆金属线材直径或装在两平行夹具间的非圆截面试样最小厚度；L—试样长度

23.7.2　加工工序及方法

（1）线材试样应尽可能平直。必要时可以用手矫直。在用手不能矫直时可在木材、塑性材料或铜的平面上用相同材料的锤头矫直。

（2）在矫直过程中不得损伤线材表面，且试样也不得产生任何扭曲。有局部硬弯的线材应不矫直。

（3）试样长度根据试样的直径和所使用的试验设备确定。使用的加工设备有锯床、切割机等。

23.8 金属材料顶锻试样（YB/T 5293—2006）

23.8.1 试样图解及符号说明

金属材料顶锻试样图解及符号说明见图23-8。

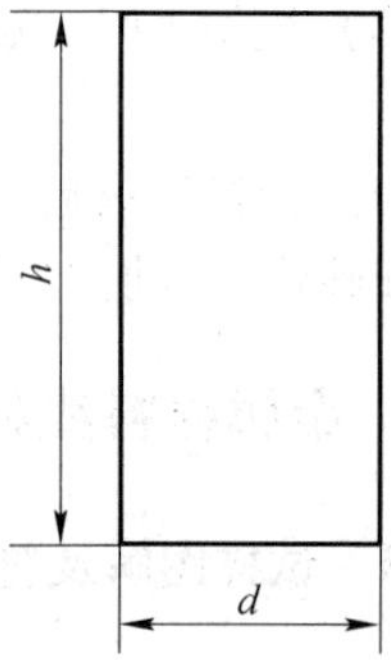

23.8.2 加工工序及方法

（1）切取试样时，应防止损伤试样表面和因过热和加工硬化而改变其性能。

（2）试样应保留原轧制或拔制表面。如试样表面要求机加工，应在相关产品标准中加以说明，试样机加工的轨迹应垂直试样的中心线。

（3）试样的高度应在相关产品标准中规定。如未做具体规定时，对于黑色金属应为试样横截面尺寸的2倍；对于有色金属应为试样横截面尺寸的1/2倍，试样高度的允许差为±5%h。

（4）试样的两个端面应平行，并与试样的轴线相垂直。可用的加工设备有车床、锯床等。

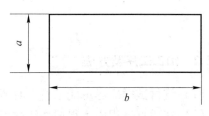

图23-8　金属材料顶锻试样

d—试样直径或边长；

h—顶锻试验前试样高度

23.9 金属材料薄板和薄带埃里克森杯突试样（GB/T 4156—2007）

23.9.1 试样图解及符号说明

金属材料薄板和薄带埃里克森杯突试样图解及符号说明见图23-9。

23.9.2 加工工序及方法

（1）试样应平整，其宽度大于等于90mm。

（2）制备试样时，试样边缘不应产生妨碍其进入试验设备或影响试验结果的毛刺或变形。使用的设备有剪板机等。

（3）试验前不能对试样进行任何捶打或冷、热加工。

图23-9　金属材料薄板和薄带埃里克森杯突试样

a—试样厚度；b—试样宽度

23.10 高温扭转(大)试样(GB/T 4338—2006 和 GB/T 10128—2007)

23.10.1 试样图解及符号说明

高温扭转（大）试样图解及符号说明见图 23-10。

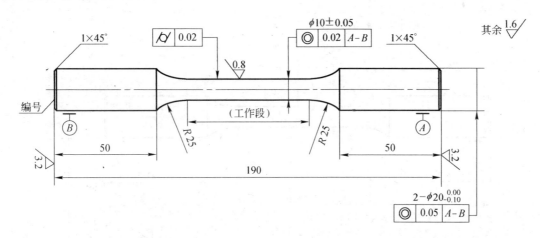

图 23-10 高温扭转（大）试样

23.10.2 加工工序及方法

（1）样坯切取的部位、方向和数量应按有关标准或协议的规定。如无特殊规定，应按照 GB/T 2975 的要求进行。

（2）切取样坯和机加工试样时，应防止因冷加工或受热而影响金属材料的力学性能。

（3）试样总长 190mm，两端夹持部分直径 20mm，公差 0.00m 至 −0.10mm；与基准 A-B 的同轴度为 0.05mm；长度为 50mm；工作段（平行长度）−直径 10mm，公差 +0.05mm 至 −0.05mm；圆柱度为 0.02mm；长度 L_e 约为 70mm；标距 L_0 为 50mm；圆弧 R25 与工作段（平行长度）的连接应圆滑；当材料的 R_m 大于 1600MPa 时，试样工作段的粗糙度应优于 0.4μm；其余部位的粗糙度优于 1.6μm。

（4）完成最后机加工的试样，应平直、无毛刺，表面无划伤、无锈蚀及其他人为或机械损伤。

23.11 高温扭转(小)试样(GB/T 4338—2006 和 GB/T 10128—2007)

23.11.1 试样图解及符号说明

高温扭转(小)试样图解及符号说明见图 23-11。

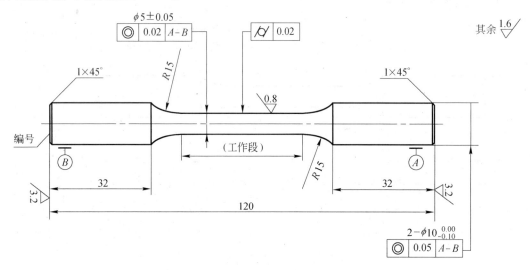

图 23-11 高温扭转(小)试样

23.11.2 加工工序及方法

(1)样坯切取的部位、方向和数量应按有关标准或协议的规定。如无特殊规定,应按照 GB/T 2975 的要求进行。

(2)切取样坯和机加工试样时,应防止因冷加工或受热而影响金属材料的力学性能。

(3)总长 120mm;两端夹持部分－直径 10mm,公差－0.10mm 至 0.00mm;与基准 A-B 的同轴度为 0.05mm;长度为 32mm;工作段(平行长度)－直径 5mm,公差－0.05mm 至＋0.05mm;圆柱度为 0.02mm;长度 L_e 约为 40mm;标距 L_0 为 25mm;圆弧 R15 与工作段(平行长度)的连接应圆滑;当材料的 R_m 大于 1600MPa 时,试样工作段的粗糙度应优于 0.4μm;其余部位的粗糙度优于 1.6μm。

(4)完成最后机加工的试样,应平直、无毛刺,表面无划伤、无锈蚀及其他人为或机械损伤。

第 24 章 焊接接头试样

24.1 熔化焊板试样坯截取部位图（GB/T 2649—1989）

24.1.1 样坯截取图解及符号说明

熔化焊板试样坯截取图解及符号说明见图 24-1。

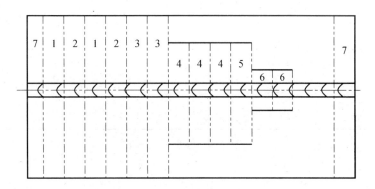

图 24-1 熔化焊板试样坯截取部位图

1—拉伸试样样坯；2—弯曲试样样坯；3—侧弯试样样坯；4—冲击试样样坯；5—硬度试样样坯；

6—可用作焊缝拉伸试样或冷作时效敏感试样；7—试板舍去部分（不可用部分）

24.1.2 拉伸、弯曲试样样坯尺寸

拉伸试样样坯尺寸见表 24-1，弯曲试样样坯尺寸见表 24-2。

表 24-1　拉伸试样样坯尺寸 　　　　　　　　　　　　　　　　　　　　　　　　　　（mm）

试 验 号	厚度 a	宽度 b	工作长度 l	总长度 L
1	≤6	10 ± 0.2		
2	>6 ~ 12	15 ± 0.2	$l = h_K + 2a$	$L = l + 2h$
3	>12 ~ 24	35 ± 0.5	（不小于 20）	
4	>24 ~ 50	25 ± 0.5		
5	>50 ~ 80	20 ± 0.5		

表 24-2　弯曲试样样坯尺寸 　　　　　　　　　　　　　　　　　　　　　　　（mm）

试 验 号	厚度 a	宽度 b	长度 L
1	≤6	10 ± 0.5	180
2	>6 ~ ≤10	1.5a ± 0.5	200
3	>10 ~ ≤20	1.5a ± 0.5	250
4	>20	25 ± 0.5	250

24.1.3　加工工序及方法

（1）检查验收坯料。

（2）去掉坯料的热影响区或冷变形区。可用加工设备有带锯床和其他锯床等。

（3）根据加工任务单的要求和技术标准，对试板的焊缝加强部分进行去除。利用刨床，以刨刀主切削刃与焊缝长度轴线相垂直进行刨削加工或利用万能立式铣床，以铣刀主切削刃在圆周的切向与焊缝长度轴线相垂直，以铣削进给方向沿焊缝长度轴线进行铣削加工。

（4）侧弯试样样坯：沿焊缝长 12mm，垂直焊缝不小于 150mm；冲击试样样坯：焊缝长 12mm，垂直焊缝不小于 100mm；硬度试样样坯：焊缝长 30mm，垂直焊缝不小于 60mm。所有样坯长度可根据试验机夹具情况确定。

（5）试板截取留有 2~4mm 加工余量的（拉伸、弯曲、侧弯、冲击、硬度）试样。可用加工设备：带锯床、其他锯床设备等。

（6）按要求标识出焊缝正面和最大焊缝宽度（h_K）。

24.2 熔化焊管试样坯截取部位图（GB/T 2649—1989）

24.2.1 样坯截取图解及符号说明

熔化焊管试样坯截取图解及符号说明见图 24-2。

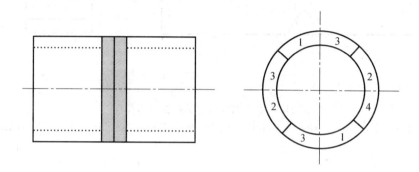

图 24-2 熔化焊管试样坯截取部位

1—拉伸样坯；2—弯曲样坯；3—冲击样坯；4—硬度样坯

24.2.2 加工工序及方法

（1）按标准检查验收坯料。

（2）在带锯床或其他锯床等设备上，根据加工任务单的要求和技术标准，将熔化焊管接头截取留有 5～10mm 加工余量的（拉伸、弯曲、冲击、硬度）试样，保证受试部分金属性能不受其影响。

（3）按要求标识出焊缝正面和最大焊缝宽度（h_K）。

24.3 焊接接头冲击试样（V 型、U 型）缺口方位图（焊缝区、热影响区）（GB/T 2650—2008）

24.3.1 试样图解及符号说明

焊接接头冲击试样（V 型、U 型）缺口方位图及符号说明见图 24-3。

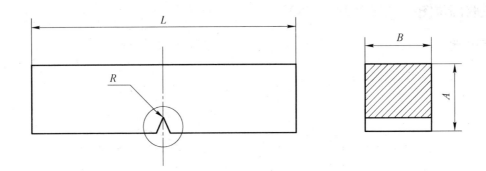

图 24-3　焊接接头冲击试样缺口方位图

L—试样样坯总长度 55 ± 0.60mm；A—试样样坯高度；B—试样样坯宽度；R—冲击试样缺口底部圆弧

24.3.2　加工工序及方法

（1）按标准检查验收坯料。

（2）按样坯截取部位图所示的位置截取样坯，在铣床或刨床等设备上按照加工任务单的要求加工熔化焊板试样坯。样坯成品尺寸为 $(11 + 0.20)$ mm × $(11 + 0.20)$ mm。加工后注意标识的完整。

（3）在平面磨床设备上加工上道工序的样坯，成品尺寸为 $(10 ± 0.11)$ mm × $(10 ± 0.11)$ mm。

（4）利用弱酸侵蚀法，显现出焊缝位置，按照加工任务单的要求（焊缝区、热影响区；V 型、U 型）利用画线法，首先画出冲击缺口的中心位置和方向，以中心位置两端各取 27.5mm ± 0.42mm，整个试样长为 55mm ± 0.60mm。

（5）在带锯床或铣床等设备上加工试样 55mm ± 0.60mm 的长度，两端平齐其粗糙度 1.60μm；在卧式铣床或冲击缺口拉床等设备上，按照画位置线加工试样的缺口。

（6）试样整体尺寸要求为：试样总长度 55mm ± 0.60mm。试样样坯高度 V 型缺口试样为 10mm ± 0.075mm，U 型缺口试样为 10mm ± 0.11mm。标准试样宽度为 10mm ± 0.11mm；根据试板的厚度也可选用 7.5mm ± 0.11mm、5mm ± 0.06mm 或 2.5mm ± 0.04mm，也可根据技术要求自定。试样缺口底部圆弧 V 型缺口 $R0.25 ± 0.025$ mm，夹角 45° ± 2°、U 型缺口 $R1 ± 0.07$ mm。缺口内壁粗糙度 0.8μm。A、B 表面垂直度、平行度要求 0.01mm。

24.4 焊接接头拉伸试样(不带肩)(GB/T 2651—2008)

24.4.1 试样图解及符号说明

焊接接头拉伸试样（不带肩）图解及符号说明见图24-4。

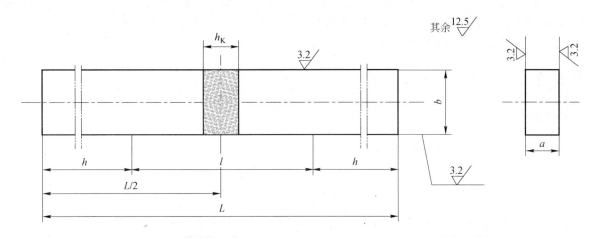

图24-4 焊接接头不带肩拉伸试样

L—试样样坯总长度为220mm（可根据试验机夹具而定）；b—试样样坯宽度；a—试样样坯厚度

24.4.2 拉伸试样样坯尺寸及尺寸偏差

拉伸试样样坯尺寸及尺寸偏差见表24-3。

表24-3 拉伸试样样坯尺寸 （mm）

试 验 号	厚度 a	宽度 b	工作长度 l	总长度 L
1	≤6	10 ± 0.2	$l = h_K + 2a$ （不小于20）	$L = l + 2h$
2	>6 ~ 12	15 ± 0.2		

24.4.3 加工工序及方法

（1）根据标准检查验收坯料。

（2）按样坯截取部位图所示的位置截取样坯，利用卧式铣床或平面磨床对样坯进行加工。板厚≤6mm 时，试样尺寸 $a \times (10 \pm 0.2)$ ×长度(mm)；板厚 >6 ~12mm，试样尺寸 $a \times (15 \pm 0.2)$ ×长度(mm)。试样表面粗糙度工作部分 3.2μm，其余 12.5μm。

（3）标识：对所切取的样坯在端部按照加工任务单的要求进行标识，统一标识出焊缝表面和 h_K。

（4）利用刨床设备或手工工具对试样尖锐棱边倒圆，圆弧半径不大于 1mm。

24.5 焊接接头拉伸试样（带肩）（GB/T 2651—2008）

24.5.1 试样图解及符号说明

焊接接头拉伸试样（带肩）图解及符号说明见图 24-5。

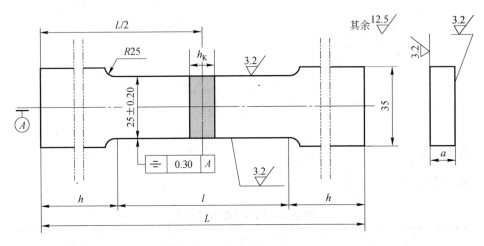

图 24-5 焊接接头带肩拉伸试样

L—试样样坯总长度；b—试样宽度；a—试样样坯厚度；h—单项过渡和夹持部分总长度；

R—过渡弧为 25mm；h_K—焊缝宽度

24.5.2 加工工序及方法

（1）按标准要求检查验收坯料。

（2）按样坯截取部位图所示的位置截取样坯，可用带式锯床或其他锯床、双面铣床对样坯进行加工。试样尺寸为 $a \times (35 \pm 0.5) \times$ 长度（mm）。试样样坯总长度为300mm（可根据试验机夹具而定）。

（3）标识：对所切取的样坯在端部按照加工任务单的要求进行标识，统一标识出焊缝表面和 h_K 焊缝的宽度。

（4）用双面开肩铣床对上述样坯平行（工作）部分进行加工，平行（工作）部分尺寸：$a \times (25 \pm 0.2) \times (20 \sim 60)$（mm），夹持部分35mm，过渡弧半径为25mm。

（5）当试样样坯厚度 $>12 \sim 24$mm 时，焊缝加强采用机械方法去除，加工刀痕与焊缝轴线垂直。允许在试样工作部分的每一面上加工掉母材厚度的15%，但不得大于4mm。

（6）利用刨床设备或手工工具对试样尖锐棱边倒圆，圆弧半径不大于1mm。试样表面不得有显著横向刀痕，机械损伤或有明显的焊接缺陷。

（7）试样表面粗糙度：工作部分 3.2μm，其余 12.5μm。

24.6 焊接接头厚板拉伸试样（带肩）（GB/T 2651—2008）

24.6.1 试样图解及符号说明

焊接接头厚板拉伸试样（带肩）图解及符号说明见图24-6。

24.6.2 拉伸试样样坯尺寸及尺寸偏差

拉伸试样样坯尺寸及尺寸偏差见表24-4。

表24-4 拉伸试样样坯尺寸 （mm）

试 验 号	厚度 a	宽度 b	夹持宽度 B	工作长度 l	总长度 L
4	$>24 \sim 50$	15 ± 0.2	25	$l = h_K + 2a$	$L = l + 2h$
5	$>50 \sim 80$	10 ± 0.2	20	（不小于20）	

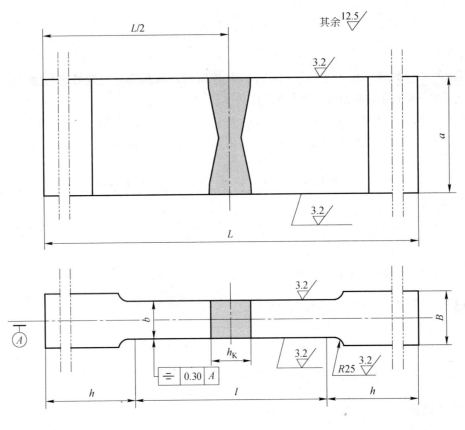

图 24-6　焊接接头厚板带肩拉伸试样

L—试样样坯总长度；b—试样宽度；a—试样样坯厚度；h—单项过渡和夹持部分总长度；h_K—焊缝宽度；R—过渡弧半径

24.6.3　加工工序及方法

（1）按标准检查验收坯料。

（2）按样坯截取部位图所示的位置截取样坯，可用带锯床或其他锯床、双面铣床对样坯进行加工，加工样坯尺寸为：

板厚 > 24 ~ 50mm，$a \times (25 \pm 0.5) \times$ 长度(mm)；

板厚 > 50 ~ 80mm，$a \times (20 \pm 0.5) \times$ 长度(mm)；

试样样坯总长度为 300mm（可根据试验机夹具而定）；试样宽度夹持部分 35mm。工作部分(25 ± 0.20)mm。

（3）标识：对所切取的样坯在端部按照加工任务单的要求进行标识，统一标识出焊缝表面和焊缝宽度 h_K（在最大一侧测定）。

（4）利用双面开肩铣床对上述样坯平行（工作）部分进行加工，平行（工作）部分尺寸：

板厚 > 24 ~ 50mm，$a \times (15 \pm 0.2) \times l (20 \sim 60)$(mm)；

板厚 > 50 ~ 80mm，$a \times (10 \pm 0.2) \times l (20 \sim 60)$(mm)；

过渡弧半径 R 为 25mm。

（5）试样样坯厚度：焊缝加强采用机械方法去除，加工刀痕与焊缝轴线垂直。允许在试样工作部分的每一面上加工掉母材厚度的 15%，但不得大于 4mm。

（6）对试样尖锐棱边倒圆，圆弧半径不大于 1mm。试样表面不得有显著横向刀痕，机械损伤或有明显的焊接缺陷。试样工作部分表面粗糙度 3.2μm，其余 12.5μm。

24.7　焊接接头圆形拉伸试样(带肩)(GB/T 2651—2008)

24.7.1　试样图解及符号说明

焊接接头圆形拉伸试样（带肩）图解及符号说明见图 24-7。

24.7.2　加工工序及方法

（1）按标准检查验收坯料。

（2）按样坯截取部位图所示的位置截取样坯，可用钻床、车床及中孔钻床对样坯进行加工，加工尺寸为直径 ϕ16mm ± 0.2mm，长度 100mm。可根据试验机夹具确定。

（3）标识：对所切取的样坯在端部按照加工任务单的要求进行标识，统一标识出焊缝表面和焊缝宽度 h_K。

（4）使用外圆磨床将其加工成直径为 ϕ10mm ± 0.07mm 的标准试样，过渡圆弧半径≥3mm，工作（平行）长度(h_K + 20)mm，试样的总长度(l + 36)mm，可根据试验机夹具确定。试样表面粗糙度不劣于 0.8μm，夹持部分为 6.3μm，其余部分为 12.50μm。

（5）形状公差：工作部分对于轴线同轴度为 0.03mm，圆柱度为 0.02mm。

（6）加工试样时提供 h_K，允许试样两端加工制作中心孔。

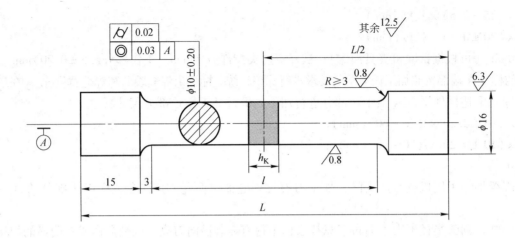

图 24-7　焊接接头圆形带肩拉伸试样

d—试样直径；D—夹持部分直径；R—过渡圆弧半径；l—工作（平行）长度；L—试样的总长度

24.8　焊接接头熔化焊横向弯曲试样图（GB/T 2653—2008）

24.8.1　试样图解及符号说明

焊接接头熔化焊横向弯曲试样图解及符号说明见图 24-8。

24.8.2　弯曲试样样坯尺寸及尺寸偏差

弯曲试样样坯尺寸及尺寸偏差见表 24-5。

表 24-5　弯曲试样样坯尺寸　　　　　　　　　　　　　　　　　　　　　　　　　　　　　　　　（mm）

试 样 号	厚度 a	宽度 b	长度 L（d/a=3）	r
1	≤6	10±0.5	180	≤1.0
2	6<a≤10	1.5a±0.5	200	≤1.0
3	10<a≤20	1.5a±0.5	250	≤2.0

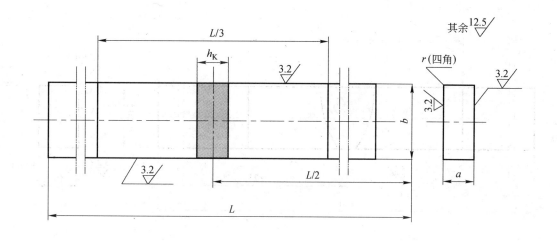

图 24-8　焊接接头熔化焊横向弯曲试样

L—试样的总长度；h_K—焊缝宽度

24.8.3　加工工序及方法

（1）按标准检查验收坯料。

（2）按样坯截取部位图所示的位置截取样坯，可用设备带锯床或其他锯床、刨床对样坯进行加工。加工成品尺寸为(10 ± 0.2)mm ×$(1.5a \pm 0.5)$mm，长度180～250mm，可根据试验机夹具确定。

（3）标识：对所切取的样坯在端部按照加工任务单的要求进行标识，统一标识出焊缝表面和焊缝宽度h_K。

（4）试样表面粗糙度不劣于$3.2\mu m$，其余部分为$12.50\mu m$。

（5）利用刨床设备或手工工具对试样尖锐棱边倒圆，圆弧半径不大于1mm，10mm ＜ 厚度 $a \leqslant 20$mm 的试样圆弧半径不大于2mm。

24.9　焊接接头熔化焊侧弯曲试样图（GB/T 2653—2008）

24.9.1　试样图解及符号说明

焊接接头熔化焊侧弯曲试样图解及符号说明见图24-9。

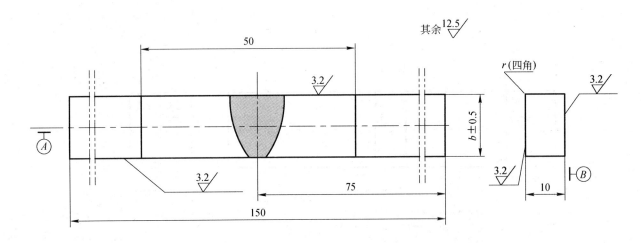

图 24-9　焊接接头熔化焊侧弯曲试样

b—试样的厚度，加工时标注提供；试样长度 150mm，试样宽度沿焊接缝轴线方向为 10mm

24.9.2　加工工序及方法

（1）按标准检查验收坯料。

（2）按样坯截取部位图所示的位置截取样坯，可用带锯床或其他锯床、刨床等设备对样坯进行加工。加工成品尺寸（10±0.2）mm×（1.5a±0.5）mm，长度 180～250mm，可根据试验机夹具确定。

（3）标识：对所切取的样坯在端部按照加工任务单的要求进行标识，统一标识出焊缝表面、焊缝宽度 h_K 和试板厚度 b。

（4）试样工作部分表面粗糙度 $Ra \geqslant 3.2 \mu m$，其余部分粗糙度 $Ra \geqslant 12.5 \mu m$。

（5）利用刨床设备或手工工具对试样尖锐棱边倒圆，圆弧半径不大于 1mm。

24.10　焊接接头及堆焊金属硬度试样图（GB/T 2654—2008）

24.10.1　试样图解及符号说明

焊接接头及堆焊金属硬度试样图解及符号说明见图 24-10。

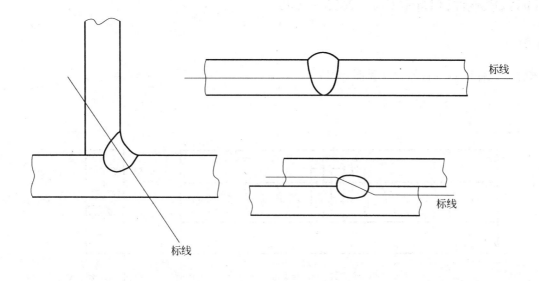

图 24-10　焊接接头及堆焊金属硬度试样

24.10.2　加工工序及方法

（1）按标准检查验收坯料。

（2）按样坯截取部位图所示的位置截取样坯，可用带锯床或其他锯床、铣床等设备样坯进行加工。加工的试样尺寸为包含焊接接头在内的所有区域，厚度为 10～35mm。根据技术条件规定，允许截取专为测定某一区域的硬度试样。

（3）标识：对所切取的样坯在不加工面上按照加工任务单的要求进行标识，统一标识出焊缝表面或焊缝的正面。

（4）利用平面磨床对上述试样的检验面进行加工，试样表面（检验面）必须与支撑面相互平行。表面粗糙度为 3.2μm。

（5）检验前可利用弱酸侵蚀法，显现出焊缝位置，按照加工任务单的要求画出标线位置。焊接接头的标线和测定位置应选择在接头横截面上。厚度小于 3mm 的焊接接头允许在其表面测定硬度。

（6）根据所用技术标准或技术条件要求，可分别选用布氏、洛氏或维氏硬度计测定。

24.11 焊接接头冷作时效敏感性试样图（GB/T 2655—1989）

24.11.1 试样图解及符号说明

焊接接头冷作时效敏感性试样图解及符号说明见图24-11。

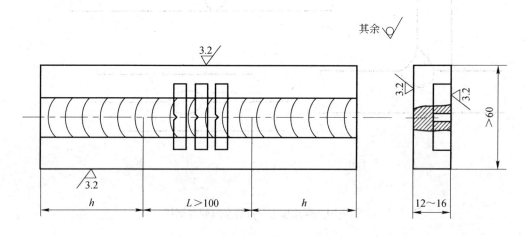

图 24-11 焊接接头冷作时效敏感性试样

L—变形部分长度尺寸；h—试样夹持部分长度

24.11.2 加工工序及方法

（1）按标准检查验收坯料。

（2）利用带锯床或其他锯床沿焊缝长度方向去除不小于25mm的不可利用段之后，再截取冷作时效敏感性试样。试样尺寸为厚度（12~16）mm×宽度60mm×长度250mm或满足两个试验机夹具长度加上100mm。可利用刨床，以刨刀主切削刃与焊缝长度轴线相平行进行刨削加工。板厚应在12~16mm。

（3）标识：对所切取样坯在不加工面上按照加工任务单的要求进行标识，统一标识出焊缝表面或焊缝的正面。

（4）利用拉伸试验机、标点机、测量工具，对上述试样按照加工任务单要求进行冷作变形。标出试样夹持部分长度和标距（变形）

部分长度。变形部分长度≥100mm，试样夹持部分长度可根据试验机夹具而定。加工时提供 L、h 数值。

（5）利用带锯床或其他锯床对冷作变形后的试样在标距（变形）部分截取宽度（沿焊缝长度方向）12mm，长度（沿焊缝垂直方向）60mm 的样坯三支（或按照加工任务单的要求数量），厚度 12～16mm。

（6）标识转移：对所切取的样坯在不加工面上按照加工任务单的要求进行标识，统一标识出焊缝表面或焊缝的正面。

（7）使用铣床或刨床等设备按照加工任务单的要求对以上样坯进行加工，尺寸满足 $(11+0.2)\text{mm} \times (11+0.2)\text{mm}$ 的要求。

（8）在平面磨床设备上加工上道工序的样坯，试样尺寸符合 $(10\pm0.10)\text{mm} \times (10\pm0.10)\text{mm}$ 的要求。试样表面粗糙度为 3.2μm。

（9）利用弱酸侵蚀法，显现出焊缝位置，按照加工任务单的要求利用划线法，首先划出冲击缺口的中心位置和方向，以缺口的中心位置向两端各取长 27.5mm±0.42mm，整个试样长度为 55mm±0.60mm。

（10）在带式锯床或铣床等设备上加工试样的长度 55mm±0.60mm，在卧式铣床或冲击缺口拉床等设备上，按照划线位置加工冲击缺口。

（11）使用烘干箱或时效电炉箱，对上述试样进行时效热处理。

（12）试样表面不允许由明显的焊接缺陷、横向刀痕和机械损伤。

第二篇　力学试样加工工艺

第 25 章　圆棒试样加工设备及加工工艺介绍

圆棒试样的加工以拉伸试样、冲击试样为主要加工对象。加工顺序为：取样、加工拉伸试样、加工冲击试样。按照目前我国各个钢铁企业以及检验部门的设备配置，主要有以下三种加工形式：（1）采用通用机床加工的方式；（2）采用数控机床加工的方式；（3）采用加工中心加工的方式。为满足试样加工单位对不同试样加工方式以及新型专用设备的了解，本书将对不同的加工方式、新型专用试样加工设备以及加工工艺进行介绍。

25.1　采用通用机床加工试样工艺流程

25.1.1　样坯验收

按标准验收样坯标识、数量、质量及编号下达作业票。

25.1.2　坯料粗加工工艺

按 GB/T 2975 标准规定对来料截取试样坯料。对大于 $\phi25mm$ 和小于 $\phi50mm$ 的圆形坯料在偏心 12.5mm 处取样。对大于 $\phi50mm$ 的圆形坯料、方形坯料、锻件坯料用空心钻床（套料机）套取圆形试样坯料，见图 25-1。也可以采用锯切的方式制取方形坯料。普通碳结钢可以采用带锯床下料。对于特殊材料（超硬）可以采用砂轮切割机切割。下料尺寸应根据所要加工的试样长度确定，但应考虑预留车床加工中夹头部分。对要求有热处理工序的试样坯料，按规定转热处理工序。按产品标准规定，既可对坯料先热处理再粗加工，也可以对坯料先加工成圆形试样坯料，再转到热处理工序。

粗加工设备明细：卧式带锯床、砂轮切割机、液压空心钻床（套料机）等通用设备。

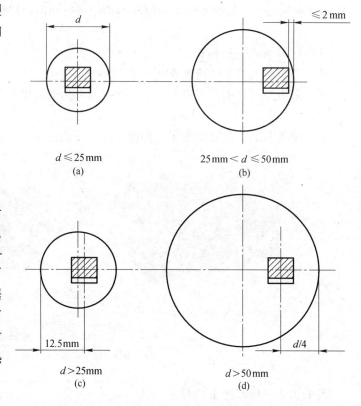

图 25-1　取样位置

25.1.3 试样精加工工艺

25.1.3.1 加工拉伸试样

（1）采用普通车床，利用3爪卡盘将试样坯料一端夹紧，在试样坯料另一端打中心孔。用尾座顶尖顶紧试样坯料，粗车后翻转，在另一端头打中心孔。如果是加工方形坯料，需采用4爪或2爪卡盘。也可以采取预打中心孔的方式，在车床上采用双顶尖的方式加工。采用这种方式可以解决偏心12.5mm的加工，但要掌握在预打顶尖孔工序中的画线、钻孔的工艺要求。

（2）选用45°或30°车刀粗加工试样毛坯。刀具合金应按被加工的材料进行选择。按图纸要求车削 D 部、D_0 部做开肩加工。车削时应注意掌握进刀量，按照先粗车后精车的原则进行切削。避免在加工过程中，由于过量切削导致冷作硬化或过热所造成的材料性能影响。对 D 部要求有螺纹的试样，采用挑扣刀具进行加工。

（3）在 D 部端头打标识。

（4）在车床上将毛坯精车成 $d_0 + 0.5$mm 磨削余量。

（5）采用外圆磨床，用顶尖顶紧拉伸试料两边的顶尖孔，用肉眼或千分表确认试料是否存在振摆超差，按标准精加工至图纸规定要求。磨削加工应注意经常裁修砂轮，进刀量不宜过大。

（6）设备明细：普通带锯床、普通车床、外圆磨床，见图25-2。

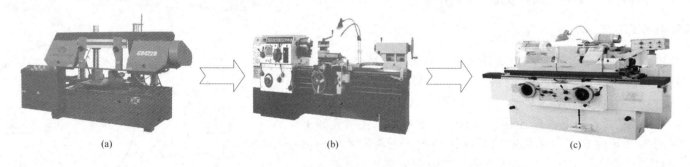

(a)　　　　　　　　　　　(b)　　　　　　　　　　　(c)

图 25-2　拉伸试样加工流程图

（a）采用普通带锯床进行下料；（b）采用车床加工拉伸试样；（c）磨床精加工拉伸试样

25.1.3.2 加工冲击试样

（1）采用立式铣床或牛头刨床，对圆形试料的4个面进行铣削或刨切，将其加工至 11mm × 11mm × 55mm 规格。加工中应注意夹紧方式，确保各个面垂直90°的公差控制。

（2）采用平面磨床对试料的4个面进行磨削。磨削量一次进给不易过大，应注意由于过量切削导致冷作硬化或过热所造成的材料性能影响。将其加工至10mm×10mm×55mm规格。

（3）采用卧式铣床使用成型刀具或采用专用拉床进行开槽加工。加工中应注意对成型刀具的检测和V型槽精度的检测，及时更换已经磨损的刀具。

（4）所用设备明细：带锯床、立式铣床、牛头刨床、平面磨床、卧式铣床、专用拉床，见图25-3。

图25-3　冲击试样加工用设备图

（a）普通带锯床；（b）立式铣床；（c）刨床；（d）平面磨床；（e）卧式铣床；（f）冲击缺口专用拉床

25.2 采用数控机床加工试样工艺流程

采用数控机床加工试样工艺流程见图25-4。

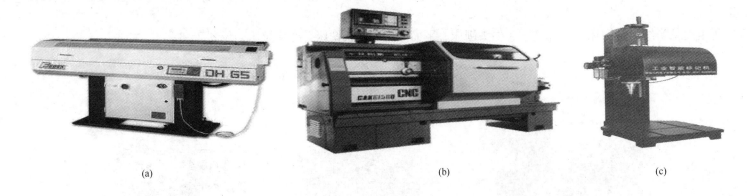

(a)   (b)   (c)

图25-4 数控机床加工试样工艺流程

(a) 棒材送料器；(b),(c)数控车床

（1）采用数控车床，针对不同规格的拉伸试样，编制好加工程序。按循环启动按钮，机床会自动完成对拉伸试样的加工。采用高精度的数控车床可以省略外圆磨床的加工工序。

（2）数控车床的工作程序是按照普通车床的加工工艺以及数控车床加工的能力预先编制的。根据要加工试样的长短不同、粗细不同、开肩标距不同，可以预先编制多种程序。操作工人只需确认试样的规格，在操作系统中选择对应的程序，机床就会按照预置的程序完成加工。

（3）相对于普通车床数控机床具有高效、精确、操作简便的优点。

（4）使用数控车床应注意以下几点：

1）操作工人应该了解数控机床的基本常识，具备编制程序和操作机床的能力。

2）必须掌握刀具零点校对的基本常识，在每天开车前，应检查零点是否漂移、刀具是否磨损。

3）车间管理人员可以通过密码控制等手段，防止非专业人员篡改程序内容。

（5）对要求具有自动上料功能的单位，可以在订货时要求车床厂家配置送料装置。也可以单独采购送料机，由送料机厂家负责与机床的联动。对要求自动标号的单位，可以选购打标机与车床联动。其中送料装置与打标机均为标准配置，通过车床内置的 PLC 编程，实现整体的联动。该配置机床不属于加工中心范畴，是数控机床外配套中的正常配置。使用单位可以根据自身的需求，提出选配的要求。

（6）数控车床在加工 $\phi 3 \sim 7mm$ 小圆试样时，在加工过长或过细试样时，应注意进刀量的控制，此时容易出现工件弯曲、打刀等事故。

25.3　新工艺棒材试样加工生产线功能与配置

棒材试样加工生产线由取样和制样两部分组成。取样部分采用空心钻床（套料机）或 GBK4220 数控多功能取样机床（成型机床），制样部分采用 CXKW310 多功能试样加工中心，见图 25-5。

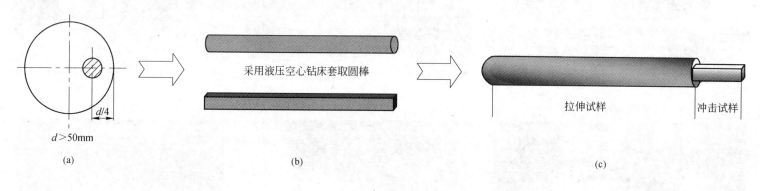

图 25-5　棒材试样取样与制样方式

（a）取样位置；（b）采用 GBK 4220 数控多功能取样成型机床截取试料；（c）采用 CXKW310 多功能试样加工中心完成不同试样的加工

25.3.1　取样方式的选择

（1）采用液压空心钻床套取圆棒。

（2）通过带锯床截取方形坯料进行下料。

（3）GBK 4220 数控多功能取样机床（新型设备）是用于棒材试样下料的专用设备，可以在棒材、锻材及不规则试料上截取拉伸试样试料和冲击试样试料，见图 25-6。

1）工作原理：切削方式采用数控带锯的方式进行切削，通过工作台的伺服与锯切的伺服实现二轴联动。通过工作台上液压夹具 z 轴的 90°回转、x 轴的 90°翻转，实现对试料多角度的精确加工，可以确保准确地在 1/4、1/2 处或任何定位点制取试样坯料。该机床既可以单独使用，做冲击试样的成型制取工作以及拉伸试样等坯料的取样工作，又可以为 CXWK310 多功能试样加工中心做配套取样使用。在一次加工中可以获得拉伸试样、冷弯试样、4 个冲击试样、金相试样等多个试样坯料。由于采用伺服电机控制锯切的转速和进给速度，

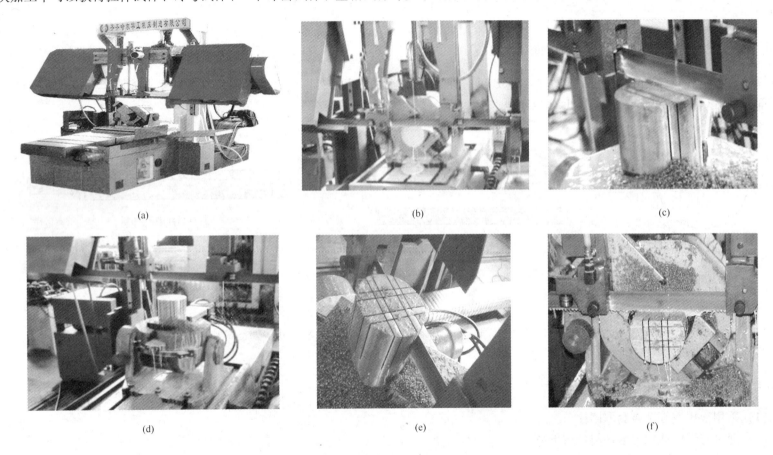

(a)   (b)   (c)

(d)   (e)   (f)

图 25-6　GBK 4220 数控多功能取样机床演示

（a）GBK 4220 数控棒材多功能取样机床；（b），（f）翻转 90°切取端面；（c），（e）在 1/4 处做深度切削；（d）回转 90°切取端面

使锯切配比达到最佳，可以精确切削，锯条的消耗达到最低。该机床可以直接截取冲击试样坯料，也可以截取拉伸试样的方形坯料。

2）根据被加工的试样规格不同，该机床在数控系统中设置了"模式"程序，可以根据不同钢种或规格预先设置所有拉伸、冲击试样的程序。根据所夹圆钢、板材、重轨的规格尺寸，只需在人机对话窗口中调出相应的程序，确认被加工试样的规格尺寸，机床就会按预设的程序完成对试样的加工。例如：需要对直径 $\phi100mm$ 的圆钢进行冲击试样的加工，先将被加工的棒材放置在液压夹具上，按夹紧按钮，工件就会被牢牢的夹紧，在窗口中调出规格一栏，选择 $\phi100mm$ 并确认开始，机床就会自动完成所有加工工序。除装夹工件需要人工来完成外，其余工序机床自动完成。操作者除装卸工件外无须手动完成其他工作。

3）采用了数控系统和伺服控制，可以准确的实现规定位置取样，保证了试样的真实性。试样截取方式合理，只对需要截取的部分进行加工，采用最简化的锯切加工方式，通过工作台的伺服进给、液压夹具 z 轴的 90°回转、x 轴的 90°翻转，以最便捷的取样方式，截取需要的试样坯料，从而减少了传统取样反复装卡、反复加工的麻烦。可以在一次装卡、一次加工中制取多个试样。数控模式操作，减少了工人操作过程中的脑力劳动和体力劳动，只需选择棒材的外圆尺寸规格，机床就会自动完成取样的各项加工任务，避免了工人的误操作。

4）由于采用了数控伺服控制，锯切的试料具有公差控制，所取试料的公差可以控制在 0.06mm 范围内。可以根据材料的不同，选择不同的转速和进给速度，加工用的锯条得到最大限度的保护，从而减少了锯条的消耗，也避免了锯切过程中锯条跑偏的现象。

25.3.2 采用棒材多功能试样加工中心加工工艺

（1）棒材多功能试样加工中心（新型设备）见图 25-7，是目前棒材试样加工最先进的机床。它结束了棒材拉伸试样、冲击试样分开加工的工艺模式，为检验人员提供了真实的、标准的棒材试样，是为试样加工而研制的具有车、铣复合加工的高级专业化设备。其主要功能是在一个试料上可以同时加工拉伸试样、冲击试样两种不同的试样。其操作程序为：在系统中调取程序，选择要加工试样的规格，按循环启动按钮，该加工中心会全自动完成冲击试样、拉伸试样（包括打标）在内试

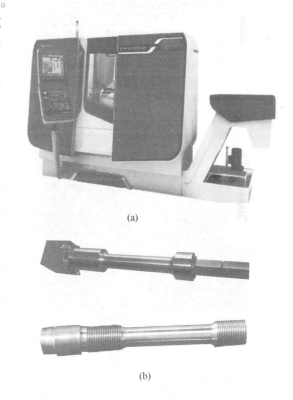

(a)

(b)

图 25-7　棒材多功能试样加工中心
（a）棒材多功能试样加工中心；（b）冲击、拉伸一体试样

样加工的所有工序。

（2）机床备有 12 把刀具的刀库，配备 6 个动力头，可以任意调取加工刀具，变化车削、铣削、开槽铣削、钻孔、刻字等不同的加工方式。机床配备机械手和拔料器，可以实现上料、工件翻转的自动化。机床具有车削、铣削、钻孔、图形编辑、偏心加工等多种功能，见图 25-8。

(a)

(b)

(c)

(d)

(e)

(f)

图 25-8　棒材多功能试样加工中心演示过程

（a）12 把刀库，6 个动力头，可以进行车、铣复合加工；（b）机械手可以完成上料、下料、试样翻转等一系列工作；
（c）拔料器可以根据需要调整试样的加工长度；（d）采用铣刀加工冲击试样；（e）采用成型铣刀
加工冲击试样 V 型槽；（f）采用车刀切断冲击试样完成加工

（3）该加工中心具有加工棒材试样的专用性能，配备高速铣削装置和 V 型槽铣削装置，可以在 6min 内完成对冲击试样的快速加工，见图 25-9。

（4）配置有高速车削装置，可以在 6min 内快速地完成拉伸试样的加工，见图 25-9。

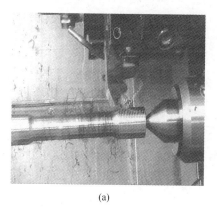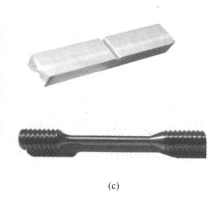

(a)　　　　　　　　(b)　　　　　　　　(c)

图 25-9　棒材多功能试样加工中心加工过程

（a）采用车刀加工拉伸试样的外圆；（b）采用车刀加工拉伸试样的螺纹；（c）成品冲击、拉伸试样

（5）具有偏心车削、铣削的功能。对于小于 ϕ50mm 圆形坯料，可以省略取样工序，直接采用偏心加工就可以快速完成，见图 25-10。

（6）具有独特将方形试料改制成圆形试料的功能，见图 25-11。在对方形试料加工中，采用的是铣削方式，而非车削方式，避免了车削方形试料过程中经常出现的打刀现象。机床采用 2 爪自动卡盘进行夹紧，可以使方形试样自动找正，便于操作者的快速加工。本功能可以适合取样为方形试样、厚板试样的快速加工。

（7）图形编辑功能可以让操作者非常直观的了解当前加工试样的形状与各部尺寸，以免误输入、误操作，避免发生生产安全事故。在编程过程中，所加工的试样图形直接在显示器中显现出来，每编程一步，图形会随着编程做相应改变。如果调用的刀具无法完成加工任务，或编辑错误，系统会出现报警显示，提示编程人员予以纠正，避免了编程人员的误操作，见图 25-12。

（8）智能模式功能。设备出厂前，已经预制了使用单位所加工试样的所有程序，操作人员只需调取相应程序，机床就会按照预定程序完成试样加工。该加工中心具有 360°定位功能，可精确地加工冲击试样和拉伸试样，具有精度高、速度快、操作简便的特点。采用该机床可以省略外圆磨床以及加工冲击试样的铣床、平面磨床等一系列的机床。

（9）可以完成各种复杂试样的加工，见图25-13。也可以完成厚板试样的拉伸试样的加工，可以完成 Z 向试样的加工，见图25-14。对于细长或小规格的试样，可以通过拔料器分节加工，避免了打刀现象的发生。

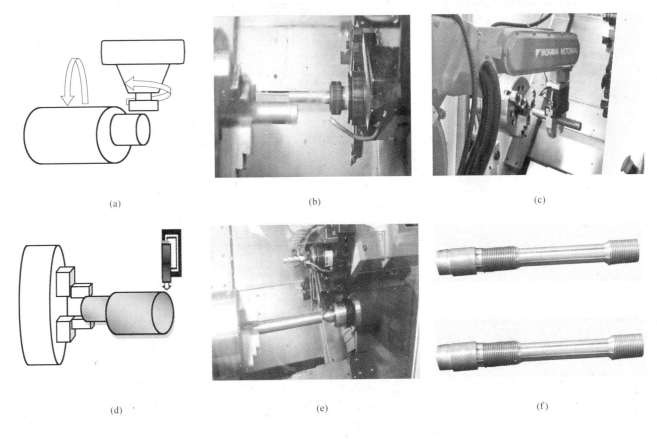

(a)　　　　　　　　　　　(b)　　　　　　　　　　　(c)

(d)　　　　　　　　　　　(e)　　　　　　　　　　　(f)

图 25-10　实现偏心加工过程

（a）通过铣削，将一侧端头加工至偏心圆度；（b）将一侧端头铣削至偏心圆度；（c）机械手将偏心端头翻转至卡盘；
（d）通过人工将偏心端头翻转至卡盘；（e）通过车削的方式，完成偏心加工；（f）加工后的标准试样

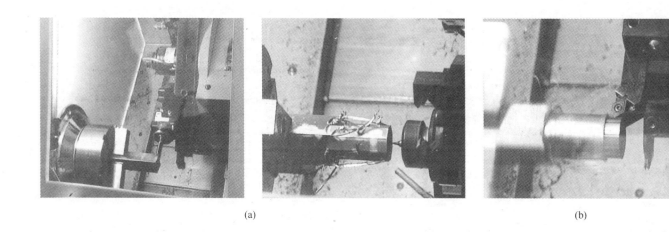

(a)   (b)

图 25-11　方料改圆料加工

（a）采用铣削的方式将方形试样铣去方角；（b）用车削完成试样加工

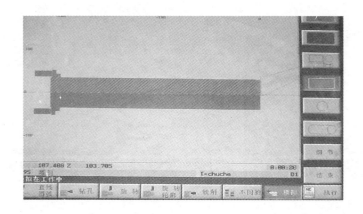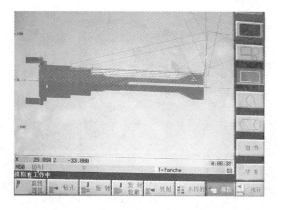

图 25-12　直观进行图形编辑，并形成相应的加工工艺

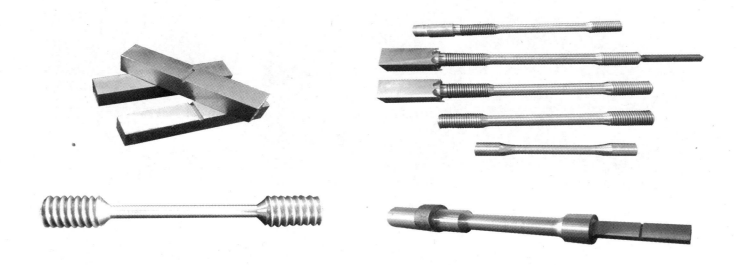

图 25-13　可以完成各种复杂试样的加工

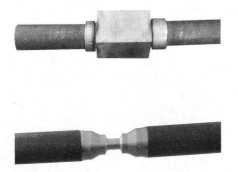

图 25-14　Z 向试样的加工

第26章　板材试样的制取与加工工艺及装备选择

板材试样加工的下料方式较多，取样、制样的加工方式较多。在钢铁企业已经很少采用通用设备加工板材试样模式，用于加工拉伸试样或冷弯试样的试样专用双面铣床以及专用数控双开肩机床等试样加工专用设备已经被广泛应用。冲击试样的加工也向专用化、自动化的加工设备发展。板材试样的制取与加工以及试样加工工艺流程的选择，试样加工单位应根据本单位的产品厚度和检验项目确定，应按照大生产模式和科研项目确定。本书按照不同的板材取样方式、取样规格、板材厚度、各种加工手段来表述各种不同的加工工艺。

26.1　板材试样制取与加工的基本原则

26.1.1　板材试样的制取与加工的目的

在标准规定的位置取样，去除热影响区域或冷变形区域，加工至标准规定的尺寸，为检验提供真实、准确、合格的试样。

26.1.2　板材试样加工的原则

提供给检验部门的试样，必须是在保证试样真实的前提下，去除和保证所提供的试样没有残留影响区域，符合规定尺寸、公差的合格品。

26.1.3　试样的制取与加工要求

（1）标准规定的取样位置：《钢及钢产品力学性能试验取样位置及试样制备》（GB/T 2975—1998）对钢板取样位置规定：应在钢板宽度1/4处切取拉伸、弯曲或冲击试样样坯。

（2）避免产生和去除影响区域：试样加工过程中所产生的影响区域是多方面的。标准中标注的可以产生影响区域的加工方法有热切割、剪切的方式，在加工过程中，由于过热切削、刀具不快时的强切削也可以产生热影响区域以及表面硬化影响区域。避免产生影响区域和消除影响区域是制取试样过程中必须要做的工作。图26-1是国标对样坯加工余量的规定。

（3）保证试样相关尺寸与公差要求：试样加工单位应依据标准要求，依据标准图册所标明的试样加工尺寸进行加工。加工中应保证各部公差要求、粗糙度要求、角度要求，采用通用机床加工应做到每件的检测。采用数控机床或加工中心加工，应考虑刀具测量和刀具补偿方面的问题。

（提示的附录）
样坯加工余量的选择

B.1 用烧割法切取样坯时，从样坯切割线至试样边缘必须留有足够的加工余量。一般应不小于钢产品的厚度或直径，但最小不得少于 20mm。对于厚度或直径大于 60mm 的钢产品，其加工余量可根据供需双方协议适当减少。

B.2 冷剪样坯所留的加工余量按表 B.1 选取。

表 B.1   mm

直径或厚度	加工余量
≤4	4
>4 ~ 10	厚度或直径
>10 ~ 20	10
>20 ~ 35	15
>35	20

图 26-1　GB/T 2975—1998 的规定

26.2　试料取样方式、规格、采用设备的种类

26.2.1　试料的取样

试料的取样一般有两种：一种是"宽幅试料"，另一种为"窄幅试料"，见图 26-2。

（1）沿板材轧制方向取 80 ~ 130mm，在板材宽度方向按检验项目取的试料为"窄幅试料"。

（2）沿板材轧制方向取样长度 240 ~ 500mm，并在这个尺寸范围内切取拉伸、冷弯、冲击毛坯的试料为"宽幅试料"，试料一般在轧制现场制取，采用氧割或大型剪板机完成。

两种试料取样存在的问题：

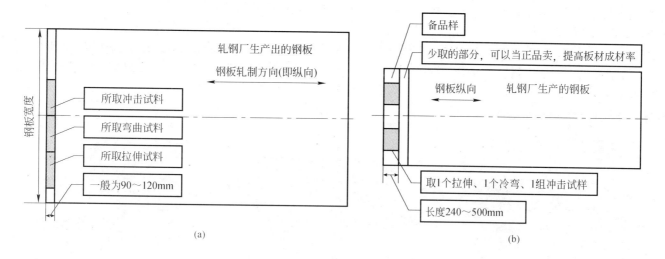

图 26-2　试料取样方式

（a）窄幅试料；（b）宽幅试料

（1）采用"宽幅试料"存在试料浪费问题，采用"窄幅试料"存在不符合标准（即 GB/T 2975—1998 规定在 1/4 处取样）问题。

（2）采用传统工艺的切割工艺，会对试样造成热影响区域和剪切影响区域。采用带锯床的加工方式也会造成卡紧工位的材料浪费和二次精加工的问题。

（3）去除影响区域的工作占据了试样加工的 80% 的工作量。设备投入多、工人劳动强度大；物料、刀具消耗严重；自动化程度低是传统试样加工工艺的主要问题。

（4）均匀去除试料两侧的影响区域，是对试样真实性的主要要求。但传统工艺只能依靠制度和操作工人的自觉性来执行，试样的真实性很难保证。

26.2.2　去除冷、热应力影响区域

上述取样方式都会在试料上产生应力影响区，因此试料加工过程中，首先要将试料上的应力影响区去除。

26.2.2.1　采用通用设备去除影响区域的直条试料加工方式

（1）采用牛头刨床加工方式：将试料批量卡紧，采用牛头刨床对试料的一个面进行刨削加工，在达到预定尺寸后，再翻过试料，对

另一个面进行加工刨削加工，直至达到尺寸要求。在加工过程中应注意对试料两侧均衡切削，以保证消除影响区域。冲击试样需要对4个面进行刨削加工，预留磨削加工量。

（2）采用立式铣床加工方式：将试料批量卡紧，采用立式铣床对试料的一个面进行铣削加工，在达到预定尺寸后，再翻过试料，对另一个面进行加工铣削加工，直至达到尺寸要求。在加工过程中应注意对试料两侧均衡切削，以保证消除影响区域。冲击试样需要对4个面进行铣削加工，预留磨削加工量。

（3）采用通用设备加工的设备明细，见图26-3。

图 26-3　常规通用设备

（a）火焰切割机；（b）普通带锯床；（c）立式铣床；（d）牛头刨床；（e）卧式铣床

26.2.2.2 采用双面铣去除影响区域的直条试料加工工艺

采用试样专用双面铣床工艺：该机床采用机卡式盘式铣刀，两面同时对160mm厚度的批量试料进行铣削，极大地提高了加工效率，见图26-4。

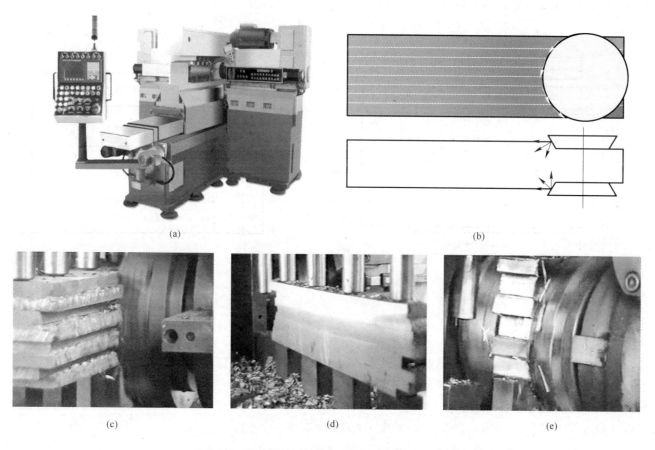

(a)

(b)

(c)

(d)

(e)

图 26-4　数控板状试样加工专用双面铣床演示过程

（a）数控板状试样加工专用双面铣床；（b）双面铣床试样加工示意图；（c）对氧割试料进行同时双面铣削；

（d）对板材试料进行同时双面铣削；（e）快速完成两个面同时加工

26.2.3 采用 GBK 4265 数控多功能取样机床制取样坯工艺

26.2.3.1 采用新设备的取样特点

采用 GBK 4265 数控多功能取样机床取样坯工艺在取样上，综合了"宽幅试料"与"窄幅试料"的模式，取样规格为 150mm，见图 26-5。

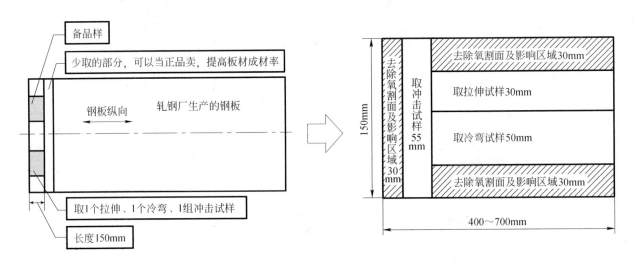

图 26-5 板材取样示意图

采用数控锯切的方式，取样的同时，完成制取样坯的尺寸要求。加工过程不产生任何影响区域，从加工设备与工艺上保证了试样的真实性，杜绝了操作工人误操作导致试样失真的可能性。其特点是：

（1）在满足标准的前提下，可以最大限度地节省试料的材料消耗。节省的试料可以作为商品销售，提高了板材的成材率。

（2）由于在取样的过程中没有产生影响区域，也就减少了去除影响区域的粗加工。

（3）将取样、制样合二为一，减少了对试料外形尺寸的二次精加工。

（4）减少了用于去除影响区域的粗加工设备以及使用这些设备所浪费的人力资源、设备资源、物料消耗、刀具消耗、电能消耗、材料周转等多项消耗内容。

26.2.3.2 采用 GBK 4265 数控多功能取样机床（新型设备）的工艺过程

（1）在成品板材上 1/4 处，在纵向取 150mm，横向则根据试验机的要求取 400～600mm＋（100～200mm 冲击试样坯料）。在另 1/4 处取备品样留置。

（2）将试料批量装夹至 200mm 厚度，依据预设程序进行加工。第 1 锯在纵向先加工 100～200mm 冲击试样坯料，并将该冲击试样坯料转至 GBK 4220 数控冲击试样成型机床（新型设备）进行冲击试样的加工。第 2、3、4 锯沿横向连续加工，完成整个工序加工。冷弯试样已不用再进行加工，直接在取样的过程中完成了制样的成品加工。拉伸试样直接转到开肩设备进行加工。冲击试样坯料再转到专用设备进行试坯加工。

（3）冲击试样试料的尺寸为 150mm×（100～200）mm。通过图 26-6 可以看到在这个坯料上可以任意制取 1～2 组纵向冲击试样或 1～2 组横向冲击试样。

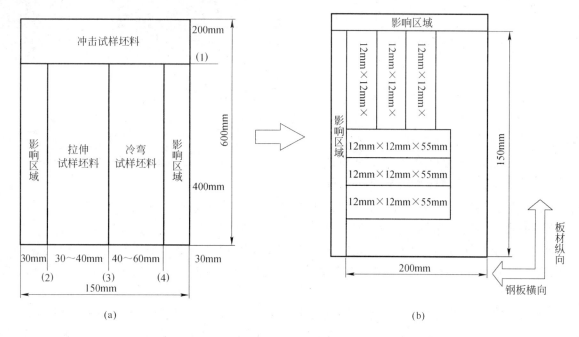

图 26-6　取样方式

（a）试样坯料取样加工示意图；（b）冲击试样纵、横向取样示意图

26.2.3.3 GBK4265 数控多功能取样机床特点

（1）采用全锯切的方式可以最大限度地使用所取下的试料，降低取样时的材料消耗。所采用的全锯切方式，就是不再预留任何夹紧位置与余料，将试料全部利用的一种加工方式。按照标准要求：只在试料的两侧去除影响区域。其他部位则采用精密加工一次成型，而不需要二次加工。根据板状拉伸试样和冷弯试样宽度的不同，在卡具上预留了变化尺寸，可以根据不同的厚度，选择不同宽度的尺寸进行加工。专用夹具实图如图 26-7 所示。

（2）该机床可以批量装夹，夹紧厚度可达 40~200mm，既可以加工单件小批，也可以快速完成多种试样的批量加工，非常适合各钢铁企业大生产的试样加工。该夹具可根据用户要求预设试样加工的宽度，包括拉伸试样、冷弯试样、冲击试样、纵向冲击试样，操作人员只需选择程序（同批加工的样料应该在试样的项目上、数量上、尺寸上是一致的），一键就可以全自动完成所有试样的加工。该夹具具有自动翻转 90°的功能，可以完成对纵向冲击试样和横向试样的加工。该夹具同时还具有自动上料、自动下料、自动装夹、连续工作等多项功能。

(a)　　　　　　　　　　　　　(b)

图 26-7　专用夹具实图

(a) 纵向锯切；(b) 锯切翻转

（3）切削方式：该机床采用数控高速锯切的方式进行切削。采用数控伺服进给方式，对锯切过程中锯条的转速和进给的速度进行合理调控，使其达到最佳的匹配，从而达到最佳的切削速度和切削精度；采用数控伺服控制，可根据锯条是否磨损、试料是否过硬，对进给速度进行合理调整，避免了锯条不走直线、锯条磨损加快、锯条断齿、断裂的现象，同时锯切后的锯切面表面粗糙度好。切削进给是通过伺服电机、编码器、滚珠丝杠精密控制完成的。工作台的进给也是通过上述手段完成的。通过数控系统的程序编制，工作台的伺服轴与锯切进给的伺服轴联动，液压夹具的 90°翻转，实现了对两个面、各种规格试样的精确加工。通过伺服控制后，不但实现了精度方面的精确控制，大大地降低了锯条的消耗。

（4）加工精度：由于采用伺服方式进行加工，进给的精度是以"μm"计算的，锯切削出来试样的质量高，可保证直线度 0.6/1000mm、粗糙度为 Ra3.2。锯切完成后，弯曲试样已经是成品，只需对棱角进行倒角后即可用于检验。拉伸试样完成了直条工序的加工，冲击试样也完成了取料阶段的加工程序。

（5）加工效率：通过伺服控制及特殊装置控制，确保锯条在切削过程中保持最佳切削状态，可以实现高速切削。其锯条转速可以达到 90m/min，进给速度可以达到 120cm²/min。

（6）试样的可追溯性：由于一次性进行多块样料同时加工，再加上同一批样料所加工出的样坯尺寸、项目数量都相同，如没有任何标志，就会出现所有相同的样坯混在一起，不能区别的情况，就会产生混样的现象，这是钢铁企业检验中绝对不能产生的事故。为此，在样料装入上料箱前，首先在样料上要取样坯的部位打上相应的试样号。由于是伺服控制，事先一个样坯在样料上的什么地方取下是可确定的，因此可以保证所打的试样号在加工过程不被加工掉，最后加工出的样坯上都有明显的标志。

（7）全自动的现代化机床：该机床为数控机床控制，其工作台与锯切装置为伺服电机驱动，可以实现两轴的联动控制。其余各项动作均由 PLC 可编程逻辑控制器集成控制。人机对话界面，非常方便操作。机床配备两套专业上料和下料装置，可以实现自动上料和自动下料以及不间断流水式加工。操作者一键操作就可以完成试样加工任务，见图 26-8。

26.3 板状拉伸试样精加加工

26.3.1 通用机床板状拉伸试样精加加工

（1）采用立式铣床或卧式铣床，在工作台上用平口钳或自制液压夹具，将批量试料卡紧。立式铣床采用棒铣刀加工方式的，需根据板材的厚度，按照标准要求的开肩长度进行加工。先加工完一个侧面后，再加工另一个侧面。需注意两侧进刀点与出刀点一致的问题、机床的精度和定位问题、二次切削重复定位的问题，同时也需注意均匀进给，避免在试样表面造成切削痕迹的问题。

（2）采用盘式成型铣刀，需根据板材的厚度，更换不同规格的定型铣刀，按照标准要求的开肩长度进行加工。先加工完一个侧面后，再加工另一个侧面。需注意两侧进刀点与出刀点一致的问题、机床的精度和定位问题、二次切削重复定位的问题，需特别注意刀具在试样的表面留有横断的切削痕迹的问题。

（3）通用机床加工带肩拉伸试样的特点：精度低、效率低。

26.3.2 采用数控立式铣床以及简易加工中心加工方式

在工作台上设置液压夹具，通过编制程序，按照立式铣床的加工工艺自动化完成所有加工。采用本方式加工需注意机床所出现的零点漂移的问题、刀具损耗问题、加工数量方面的问题。简易数控加工中心除可以更换刀具外（只需在粗铣刀与精铣刀更换），在功能方面与数控立式铣床基本相同。

将试料打号

调出程序按循环启动按钮
机床开始工作

上料器将试料送到液压夹具里，
夹具夹紧试料，上料器同时退回

夹具翻转90°，工作台按预定
程序精确定位每个工位

推料器将加工完的冲击试样
送到接料车中

开始切削，锯切冲击试样坯料

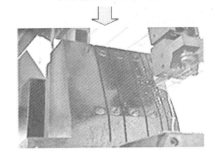

锯头反复高速锯切预定的加工内容

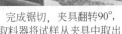

完成锯切，夹具翻转90°，
取料器将试样从夹具中取出

送料器又一批试料送进夹具，
机床循环加工开始

图 26-8　工作流程图

26.3.3　采用双面盘铣刀专用机床加工方式

因为盘式铣刀的切削力较大，采用双面盘铣刀专用机床加工方式的优点是加工速度比较快；缺点是该铣刀需采用圆弧式成型刀头，在开肩 R 处易产生横断铣刀痕迹。针对不同的开肩尺寸，该加工方式需要更换不同的刀具、变化不同的高度以满足加工的需求。

26.3.4　采用数控双开肩专用机床加工拉伸试样

（1）数控双开肩专用机床选用两把棒铣刀从试样的两面、沿试样的拉延方向进行铣削加工，由于是采用数控技术，试样的精度很高，加工效率高。采用数控双开肩专用机床加工过程演示如图 26-9 所示。

图 26-9　数控双开肩专用机床加工过程演示

（a）数控双开肩数控机床；（b）两把棒铣刀同时进行铣削加工；（c）合理卡紧方式可以任意调整开肩长度；（d）符合标准拉伸试样；（e）保证拉伸试样对称性

（2）数控板状试样双开肩机床，采用棒铣刀和特殊的液压夹紧装置，一次可以批量卡紧多个试样厚度达110mm。采用三轴联动数控伺服系统，通过伺服工作台、两个伺服铣头的联动及精确进给，实现对板状试样的开肩加工。两个铣头分为在一个上面铣削、一个在下面铣削的方式，顺试样的加载方向进行铣削，两个铣头同时进刀、同时出刀、同时对顶铣削，可以取得完全对称的、标准的拉伸试样，其粗糙度 Ra 可达到 $0.8\mu m$。

26.4　冷弯试样加工

26.4.1　通用机床加工板状冷弯试样

采用通用设备加工冷弯试样请参照本章26.2.2.1节。

26.4.2　采用双面铣加工板状冷弯试样

采用试样专用双面铣床，请参考本章26.2.2.2节。

26.5　板状冲击试样加工

26.5.1　冲击试样加工的难点

冲击试样的加工是试样加工中加工切削量最大、试样要求最高的项目。一般的冲击试样加工的工艺流程为：分料、减薄、精加工、开槽4道工序。

冲击试样的加工的难点主要是两个方面：一是加工效率，另一个是加工精度。加工精度直接影响其试样的加工效率。

冲击试样加工效率与加工精度的矛盾，见图26-10。

（1）减薄加工是困扰冲击试样加工效率的主要因素。由于来料板材厚度的不同，其加工中所耗费的时间与刀具消耗也不相同，减薄工作一般占冲击试样加工时间的70%～90%，减薄的加工量一般在5～30mm范围内，厚度更大的钢板，加工的余量还要大。对冲击试样的减薄加工是属于一种粗加工工艺，它要求加工的效率，不要求加工的精度。

（2）对冲击试样的精度控制则属精加工范围，此时要求精心加工，加工余量不大。因此在冲击试样加工中，存在粗加工和精加工两种加工方式，如果将粗加工与精加工放在一个工位上进行，必然会出问题。

（3）粗加工既是消除影响区域的加工，也是冲击试样的成型加工。无论是采用通用设备加工冲击试样，还是采用加工中心加工冲击

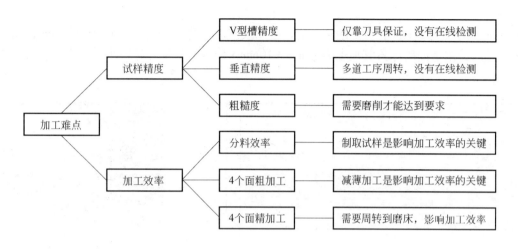

图 26-10 加工难点分析

试样，都存在着同时消除影响区域，同时进行试样成型的加工过程。

26.5.2 通用机床加工工艺

根据下料、分料方式的不同，冲击试样加工工艺和设备也不同。采用通用加工设备加工冲击试样的下料方式有以下三种：

（1）将冲击毛坯下为板厚 × 15mm × 180mm 长条状规格，见图 26-11。通过铣床或刨床，将其厚度方向减薄为 11mm × 11mm × 180mm；再用带锯将其分割成 3 个 55mm 的冲击试样坯料，用平面磨床将其加工为 10mm × 10mm × 55mm 标准规定的外形尺寸，最后用铣

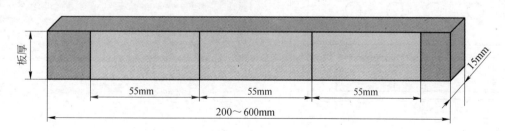

图 26-11 长条状取样冲击加工示意图

床或拉床对试样进行缺口加工。

（2）将冲击毛坯下为38mm×厚度×55mm长方形规格。通过铣床或刨床，将其厚度方向减薄为11mm，用多把锯片铣刀在卧铣床上将其分割成12mm×12mm×55mm，用平面磨床将其加工为10mm×10mm×55mm标准规定的外形尺寸，最后用铣床或拉床对试样进行缺口加工，见图26-12。

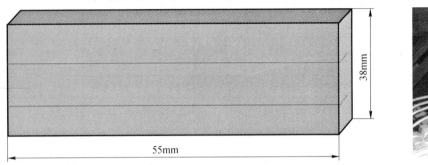

图26-12　平行状取样冲击加工示意图

（3）将冲击毛坯下为70mm×厚度×190mm。通过带锯床完成试料加工，在进口雕刻机上，完成对冲击试样的整个加工过程，见图26-13。

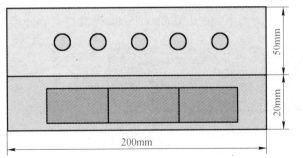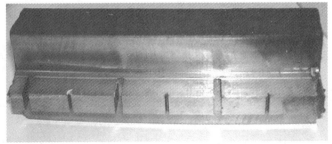

图26-13　雕刻机式冲击试样加工示意图

26.5.3 专用冲击试样成型机床(新型设备)

数控冲击试样成型机床是冲击试样成型加工专用机床，它是专业进行冲击样坯粗加工的专用设备（见图26-14）。该机床改变了传统冲击试样铣削减薄的方式。在坯料中直接套取成型坯料，为后续的加工做好冲击试样成型的加工工作。加工方式及特点为：

（1）采用数控带锯床的方式，通过与工作台中心配置的专用液压夹具进行联动配合，锯切工位做上下进给、工作台做纵向往复进给，液压夹具做翻转90°和回转90°的进给，完成对板材试料的锯切，在试料中制取12mm×12mm×55mm规格以及其他规格冲击试样坯料的加工。

（2）选用150mm×55mm×厚度（mm）试样坯料，批量卡紧，批量加工。一次可以卡紧单件或多张板材试料达200mm。采用数控技术进行锯切，坯料的规格和尺寸公差得以保证。该机床配置有打号机，可以在加工过程中，对每个试样进行打号。

（3）从冲击试样检测的角度看，集中在一个位置的冲击试样，能更加真实地反映板材的真实性能，也更加节省材料。

（4）从合理加工的角度看，铣削加工是通过逐步的减薄来达到的，而该机床是通过直接截取的方式来达到的，具有便捷、高效、节省工序、节省刀具等多方面的优点。

 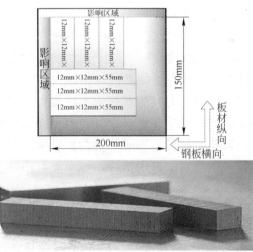

图26-14　冲击试样成型机床加工工艺示意图

（5）减少了下料工序，将下料和减薄工序合并进行。

（6）采用数控技术，保证了冲击试样四面垂直度和毛坯样尺寸尽量小的要求，为后面的精加工打下基础。

（7）第一刀去除影响区域，翻转90°后按预定厚度尺寸连续4刀，完成对批量冲击试样坯料的成型加工。

26.5.4 冲击试样精加工设备的选择与应用

26.5.4.1 冲击试样外形加工

（1）采用通用设备加工冲击试样，精加工一般采用平面磨床加工外形尺寸。

（2）随着装备技术、金切技术、刀具制造技术的升级，冲击试样的精加工方式开始发生改变。现有高速铣床来替代平面磨床进行冲击试样外形尺寸的加工。数控铣床、简易加工中心替代了普通铣床。

（3）外形尺寸加工难点：国家标准规定冲击试样4个垂直面90°±2°的要求。传统试样的加工方式，由于需要多台机床的周转，失去了定位点，没有专业的夹具，很难保证试样4个面垂直90°的要求。通用机床要保证试样的粗糙度，需要在磨床上进行磨削，同时需要翻3次面，才能将4个面磨削至要求的粗糙度和尺寸。这样试样在磨床的电磁盘上定位每次都发生了变化，既延长了试样的加工时间，也必然导致所加工的试样离开了铣削加工时的原点。在磨床上重新定位，失去了垂直面精度。

26.5.4.2 冲击试样缺口加工

（1）目前对冲击缺口的加工方式有三种：一种是采用成型铣刀通过铣削的方式进行加工；另一种是采用拉床通过拉削方式进行加工；也有选用光学磨床进行缺口加工。光学磨床加工方式因其效率太低，一般仅用于科研部门。

（2）冲击试样缺口加工难点：现在的冲击缺口加工工艺的共同缺点是"没有在线测量检测、没有刀具补偿加工"，加工精度的保证决定于刀具是否合格。刀具生产厂家不能提供每把刀具可靠的检验证明，使用单位没有检测手段对刀具进行检测，只能通过投影仪检验已加工完的冲击试样缺口，并且也不能做到对所加工的试样件件进行检测，只能是按批次进行抽检，即使发现不合格试样，也只能重新取样、制样，同时也不能保证重新制作的试样就是合格的。刀具在加工过程中会出现磨损，刀具的磨损也会影响试样加工的质量，因此对于冲击试样，在对缺口角度有严格要求的前提下，确保刀具合格、确保在线测量、确保刀具补偿非常重要。

26.5.5 冲击试样加工中心（新型设备）

（1）冲击试样加工中心由1台立式高速铣床、1台卧式开槽铣床、1个180°翻转器、1个90°翻转器、1个上料器、1个四维机械手、1个视觉镜头、上料平台等部件组成。

（2）它承接数控冲击试样成型机床来料，也可以承接带锯床或铣床来料。来料规格为 12mm×12mm×55mm，在上料盘上一次可以摆放 108 件冲击试样坯料，1h 可以完成冲击试样加工 60~100 件。机床采用高速铣头对试样外形进行高速铣削加工。铣头可以实现 2000~6000r/min 的速度进行切削，铣削量 2~3mm，一次切削完成，铣削试样表面粗糙度能达到平面磨床磨出的效果。

（3）中心配置高端四维机械手，负责试样加工过程中对试样的上料、下料、翻转，负责试样在各个加工工位的周转。配置专用液压夹具，可以对 4 组试样实现一次装卡，配置翻转器，对试样进行 90°翻转和 180°翻转。配置打号机，在试样上打印试样编号。配置排屑装置，对加工所产生的铁屑进行清理。配置风冷装置，对刀具进行冷却和铁屑进行清理。

（4）中心采用 NI 视觉技术实现了在线测量的功能，可对试样进行非接触尺寸检测、形状测量并实时给出工件信息并反馈给运动控制系统，实现精确的机械加工过程控制。通过采用虚拟技术，在图像处理软件上，虚拟了标准试样 V 型槽的标准图形以及标准的冲击试样各部尺寸。通过视觉技术采集的图像，与虚拟的标准图形及各部尺寸进行比对。计算机会根据软件预设的程序，对试样进行补偿加工。

26.5.6 冲击试样加工中心的工作流程

冲击试样加工中心的工作流程如图 26-15 所示。

(a)

(b)

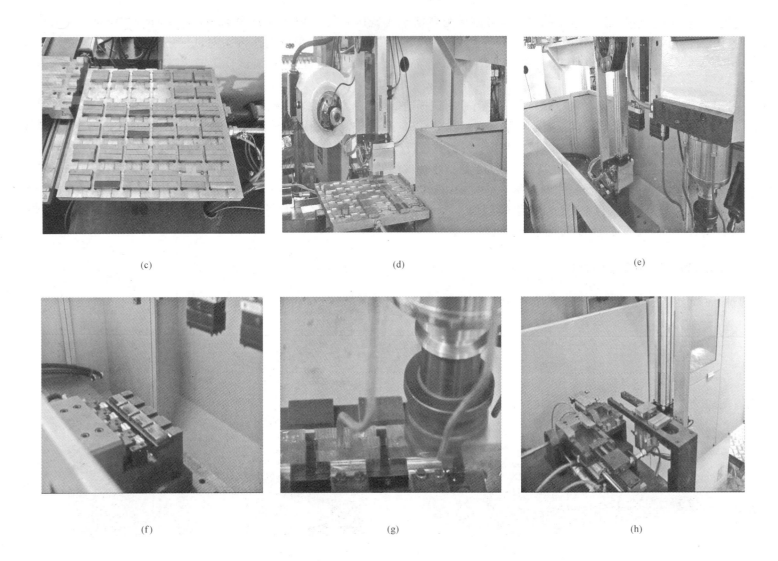

(c)

(d)

(e)

(f)

(g)

(h)

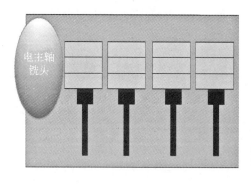

(i)

(j)

(k)

(l)

(m)

(n)

(o)   (p)   (q)

图 26-15　冲击试样加工中心流程图

（a）HGCJ-100B 冲击试样加工中心；（b）机床组成；（c）一次可装 36 组 108 件冲击试样坯料；（d）机械手在上料盘上抓取 3 件试样；
（e）机械手将试料放在铣削工位上；（f）专用卡具一次装卡 12 件试样；（g）高速铣对试料进行铣削；（h）机械手将试料翻转 180°；
（i）采用高速铣头可一次加工 4 组 12 个冲击试样；（j）对试料打号；（k）机械手将试样放置在 90°翻转器上；（l）对试样做 90°翻转；
（m）将试样送到 V 型槽铣削铣工位；（n）对 1 组冲击试样进行缺口铣削加工；（o）专用 V 型槽刀具可以确保精度公差；
（p）视觉检测系统可在线检测冲击试样的各项精度；（q）加工好的符合标准要求的冲击试样

26.5.7　冲击试样加工中心特点

（1）将精加工与粗加工分开进行。采用了粗加工与精细加工分开的工艺流程，确保了冲击试样的加工精度与加工效率。粗加工工序由数控冲击试样成型机床完成，将试料加工成 12mm×12mm×55mm 规格。加工中心只需对单面 1mm 厚度做高速、高精度切削就可以达到尺寸要求和精度要求。这种加工方式，不仅在两个加工环节都节省了刀具消耗，同时也保证了加工中心始终保持处在高精度的状态。

（2）通过高新技术的应用，冲击试样加工中心实现了在线检测、在线测量、在线补偿，保证了冲击缺口精度，同时对缺口深度 2mm 的测量、4 个面 10mm 厚度的测量、90°垂直角度的测量，使试样的精度得到了根本的保证。

（3）冲击试样加工中心在冲击缺口上的加工工艺过程是：首先进行第一道次加工，在此过程中，留有一定的余量，通过自动在线检测系统检测后，确认还需要加工多少余量，控制系统则指挥刀具按需要进行补偿，然后进行第二次精加工，最终达到冲击缺口满足标准要求，可实现"零缺陷"加工。

（4）加工效率可以达到60～100件/小时，既可以满足科研的需求，同时也满足大生产的应用，是加工效率高、加工质量好的冲击试样加工设备。

26.6　板材试样加工节材生产线

26.6.1　板材试样加工节材生产线设备配置及工艺流程

（1）配置2～4台GBK 4265数控板材多功能取样机床。选取150mm长度、400～700mm宽度的试样坯料，批量加工板材试料。为冷弯试样截取40～60mm的试样，冷弯试样无需加工，直接就可以用于检验。截取30～50mm的试料，用于做拉伸试样的坯料。截取（100～200）mm×150mm×厚度（mm）试料，用于冲击试样加工的坯料。

（2）配置2～3套QXK6040C数控试样专用双开肩机床。接GBK 4265数控板材多功能取样机床转来的直条坯料，直接进行开肩加工拉伸试样。

（3）配置2～3套GBK 4220数控板材冲击试样成型机床。接GBK 4265数控板材多功能取样机床转来的冲击试样坯料，进行纵向冲击试样、横向冲击试样的取样成型工作。加工后的冲击试样坯料规格为12mm×12mm×55mm。

（4）配置1套HGCJ-100B冲击试样加工中心。接GBK 4220数控板材冲击试样成型机床坯料，快速完成试样的加工与精度检测。完成10mm×10mm×55mm试样加工。每小时可以完成60～100件完全合格的冲击试样（其他规格的试样，仅尺寸不同，工艺相同）。

板材试样加工节材生产线工作流程如图26-16所示。

26.6.2　板材试样加工节材生产线的优点

（1）该取样规格对于宽幅试料模式达到了节材、降耗、提高产品成材率的目的。对于窄幅试料模式达到了符合取样标准、保证了试样的真实性、准确性的目的。

（2）从工艺上和设备上保证了试样的真实性和准确性，避免了由于工人误操作所带来的试样失真的问题。

（3）取样同时完成了制样，减少了分割、去除影响区域、成型的加工工序，从而节省了人员消耗、设备消耗、物料消耗、刀具消耗、电力消耗、能源消耗等多方面的消耗。

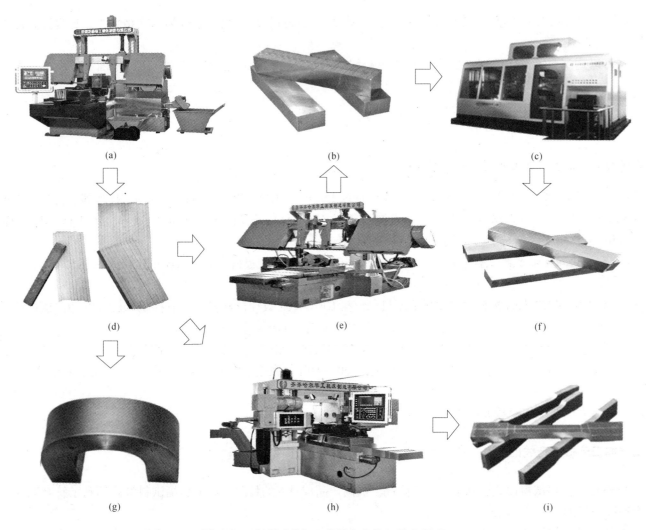

图 26-16　板材试样加工节材生产线工作流程图

（a）GBK 4265 数控板材多功能取样机床；（b）锯出的冲击毛坯；（c）HGCJ-100B 冲击试样加工中心；（d）分项目锯出的试样毛坯；（e）GBK 4220 数控板材冲击试样成型机床；（f）加工出的标准的冲击试样；（g）弯曲样可直接试验；（h）QXK6040C 数控试样专用双开肩机床；（i）加工出的标准带肩拉伸试样

（4）极大地提高了加工效率，使试样加工在流水线模式的生产线方式中进行，极大地减少了工人的劳动强度，提高了工人的生产积极性，缓解了试样加工车间领导的压力，解决了冲击试样加工难、批量大、精度差的难题。

由于该板材试样节材生产线的加工模式及工艺流程，具有保证试样真实，保证试样加工标准精度，提高效率，节省材料、刀具消耗，减少设备、人员消耗，操作简便、管理简单等诸多优点。

第三篇　取样位置及相关内容

第 27 章　钢及钢产品力学性能试验取样位置及试样制备
（GB/T 2975—1998）

27.1　在型钢腿部厚度方向切取拉伸样坯的位置

　　腿部厚度不大于 50mm 的型钢，机加工和试验机能力允许时，应按图 27-1（a）所示位置切取拉伸样坯，当切取圆形横截面拉伸样坯时，按图 27-1（b）所示位置取样；腿部厚度大于 50mm 的型钢，切取圆形横截面样坯时，按图 27-1（c）所示位置取样。

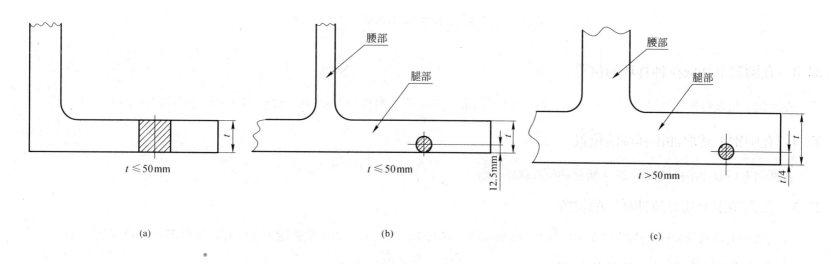

图 27-1　在型钢腿部厚度方向切取拉伸样坯的位置

t—产品的直径（对型钢为腿部厚度，对钢管为管壁厚度）

27.2 在型钢腿部厚度方向切取冲击样坯的位置

在型钢腿部厚度方向切取冲击样坯按图27-2所示的位置取样。

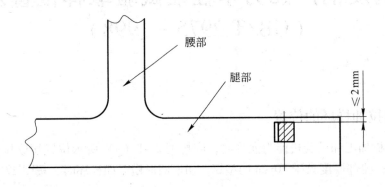

图 27-2　在型钢腿部厚度方向切取拉伸样坯的位置

27.3 在圆钢上切取拉伸样坯的位置

在圆钢上切取拉伸样坯位置按图27-3(b)、(c)、(d)所示的位置取样，当机加工和试验机能力允许时，按图27-3（a）取样。

27.4 在圆钢上切取冲击样坯的位置

在圆钢上切取冲击样坯按图27-4所示的位置取样。

27.5 在六角钢上切取拉伸样坯的位置

在六角钢上切取拉伸样坯按图27-5(b)、(c)、(d)所示的位置取样，当机加工和试验机能力允许时，按图27-5（a）取样。

27.6 在六角钢上切取冲击样坯的位置

在六角钢上切取冲击样坯按图27-6所示的位置取样。

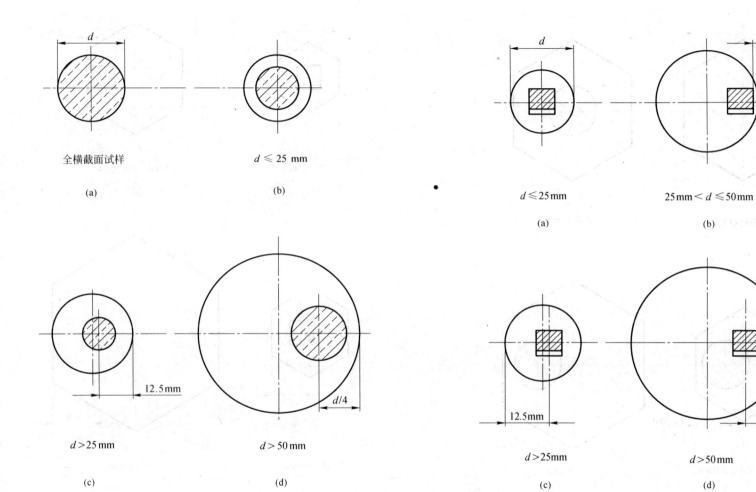

全横截面试样

$d \leqslant 25\ mm$

(a)

(b)

12.5mm

$d/4$

$d > 25\ mm$

$d > 50\ mm$

(c)

(d)

图 27-3　在圆钢上切取拉伸样坯的位置

d—产品的直径

$\leqslant 2\ mm$

$d \leqslant 25\ mm$

$25\ mm < d \leqslant 50\ mm$

(a)

(b)

12.5mm

$d/4$

$d > 25\ mm$

$d > 50\ mm$

(c)

(d)

图 27-4　在圆钢上切取拉伸样坯的位置

d—产品的直径

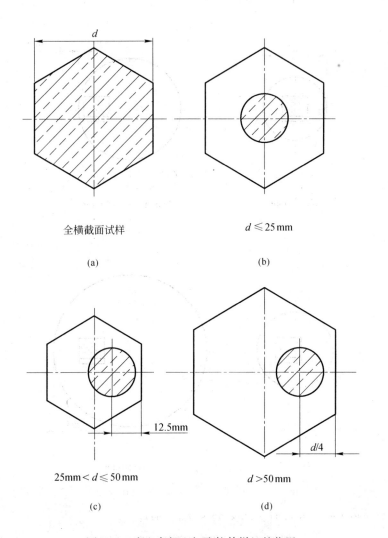

全横截面试样

(a)

$d \leqslant 25\,mm$

(b)

$25\,mm < d \leqslant 50\,mm$

(c)

$d > 50\,mm$

(d)

图 27-5　在六角钢上切取拉伸样坯的位置

d—产品的直径

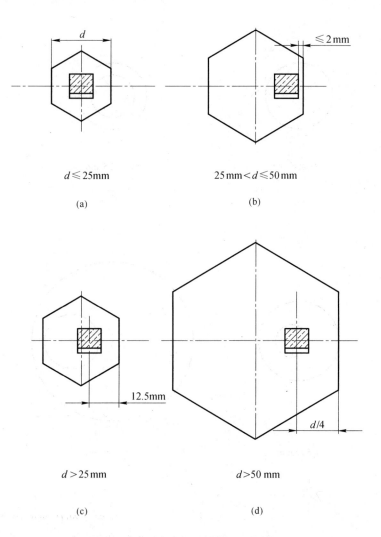

$d \leqslant 25\,mm$

(a)

$25\,mm < d \leqslant 50\,mm$

(b)

$d > 25\,mm$

(c)

$d > 50\,mm$

(d)

图 27-6　在六角钢上切取冲击样坯的位置

d—产品的直径

27.7 在矩形截面条钢上切取拉伸样坯的位置

在矩形截面条钢上切取拉伸样坯按图 27-7 所示的位置取样，当机加工和试验机能力允许时，按图 27-7（a）取样。

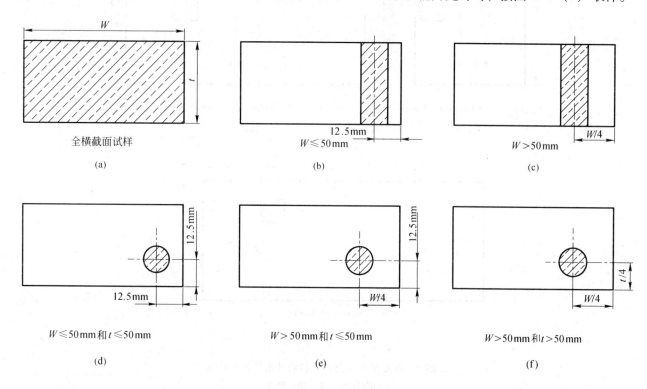

图 27-7 在矩形截面条钢上切取拉伸样坯的位置
t—钢材厚度；W—钢材宽度

27.8 在矩形截面条钢上切取冲击样坯的位置

在矩形截面条钢上切取冲击样坯按图 27-8 所示的位置取样。

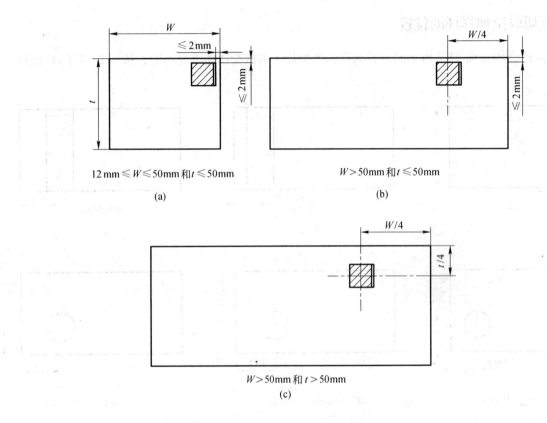

图 27-8　在矩形截面条钢上切取冲击样坯的位置

t—钢材厚度；W—钢材宽度

27.9　在钢板上切取拉伸样坯的位置

在钢板上切取拉伸样坯的位置按图 27-9 所示的位置取样。对于纵轧钢板，当产品标准没有规定取样方向时，应在钢板宽度 1/4 处切取横向样坯，如钢板宽度不足，样坯中心可以内移。应按图 27-9 在钢板厚度方向切取拉伸样坯，当机加工和试验机能力允许时，应按图 27-9（a）取样。

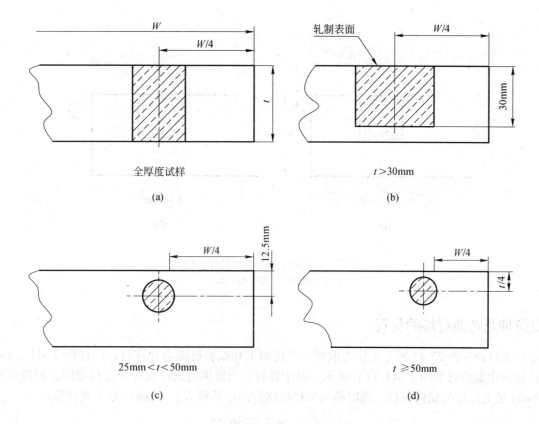

图 27-9　在钢板上切取拉伸样坯的位置

t—产品的厚度；*W*—钢板宽度

27.10　在钢板上切取冲击样坯的位置

在钢板上切取冲击样坯的位置按图 27-10 所示的位置取样。对于纵轧钢板，当产品标准没有规定取样方向时，应在钢板宽度 1/4 处切取横向样坯，如钢板宽度不足，样坯中心可以内移。在钢板厚度方向切取冲击样坯时，根据产品标准或供需双方协议选择图 27-10 所示的取样位置。

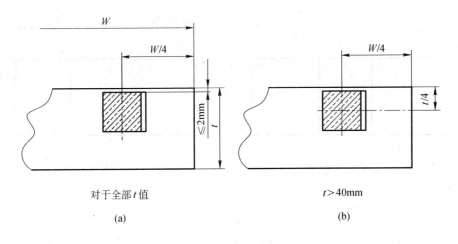

对于全部 t 值

(a)

$t > 40$mm

(b)

图 27-10　在钢板上切取冲击样坯的位置

t—产品的厚度；W—钢板宽度

27.11　在钢管上切取拉伸及弯曲样坯的位置

在钢管上切取拉伸及弯曲样坯按图 27-11 所示的位置取样。当机加工和试验机能力允许时，应按图 27-11（a）取样。如钢管尺寸不能满足要求，可将取样位置向中部位移如图 27-11（c）所示。对于焊管，当取横向试样检验焊接性能时，焊缝应在试样中部。如果钢管尺寸允许，应切取 10～5mm 最大厚度的横向试样。切取横向试样的钢管最小外径 D_{min}（mm）按下式计算：

$$D_{min} = t - 5 + \frac{756.25}{t - 5}$$

27.12　在钢管上切取冲击样坯的位置

在钢管上切取冲击样坯的位置按图 27-12 所示的位置取样。如果钢管尺寸允许，应切取 5～10mm 最大厚度的横向试样。如果钢管不能取横向冲击试样，则应切取 5～10mm 最大厚度的纵向试样。切取横向试样的钢管最小外径 D_{min}（mm）按下式计算：

$$D_{min} = t - 5 + \frac{756.25}{t - 5}$$

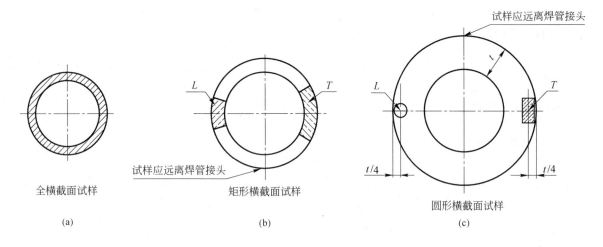

图 27-11　在钢管上切取拉伸和弯曲样坯的位置

t—钢管的壁厚；L—纵向样坯；T—横向样坯

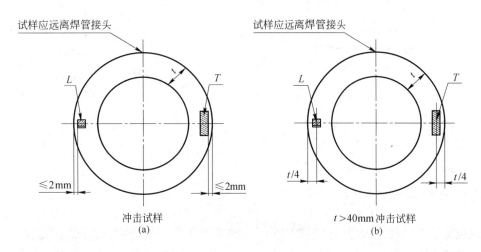

图 27-12　在钢管上切取冲击样坯的位置

t—钢管的壁厚；L—纵向样坯；T—横向样坯

27.13 在方形钢管上切取拉伸及弯曲样坯的位置

在方形钢管上切取拉伸及弯曲样坯应按图27-13所示的位置取样，当机加工和试验机能力允许时，按图27-13（a）取样。

27.14 在方形钢管上切取冲击样坯的位置

在方形钢管上切取冲击样坯按图27-14所示的位置取样。

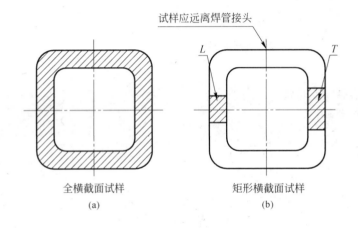

图27-13 在方形钢管上切取拉伸和弯曲样坯的位置
t—钢管的壁厚；L—纵向样坯；T—横向样坯

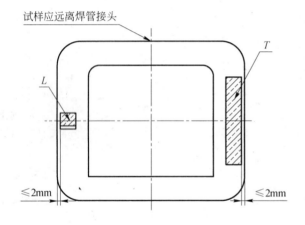

图27-14 在方形钢管上切取冲击样坯的位置
L—纵向样坯；T—横向样坯

27.15 在型钢腿部宽度方向切取样坯的位置

在型钢腿部宽度方向切取拉伸、弯曲和冲击样坯按图27-15所示的位置取样。如型钢尺寸不能满足要求，可将取样位置向中部位移。对于腿部有斜度的型钢，可在腰部1/4处取样，如图27-15（a）、（d）所示。经协商也可从腿部取样进行机加工。对于腿部长度不相等的角钢，可从任一腿部取样。

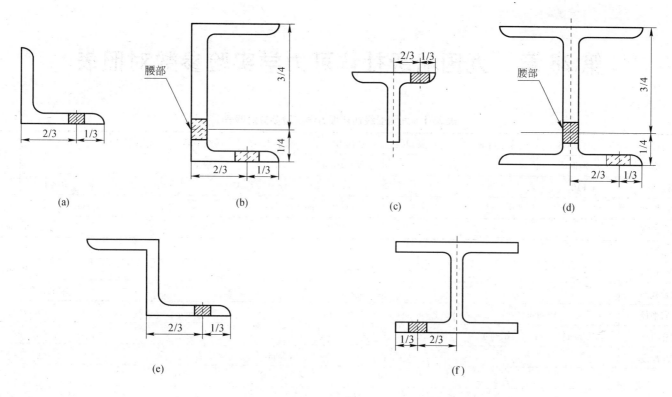

图 27-15　在型钢腿部宽度方向切取拉伸、弯曲和冲击样坯的位置

第28章 九国船级社认可力学实验参数对照表

表28-1 九国船级社认可力学实验参数对照表

类别	项目	中国 CCS	德国 GL	英国 LR	法国 BV	意大利 RINA	挪威 DNV	美国 ABS	韩国 KR	日本 NK
拉伸试样标识	试样形状	矩形	扁平		扁平(矩形)	扁平				
	试样样号	P10	A 类					A 类	R14B	U14B
	试样板厚	$a[\mathrm{mm}]$			$t[\mathrm{mm}]$		$a[\mathrm{mm}]$			
	试样板宽	$b[\mathrm{mm}]$							$W[\mathrm{mm}]$	
	原始标距	$L_0[\mathrm{mm}]$							$L[\mathrm{mm}]$	
	平行长度	$L_c[\mathrm{mm}]$							$P[\mathrm{mm}]$	
	初始截面	$S_0[\mathrm{mm}^2]$			$S[\mathrm{mm}^2]$	$S_0[\mathrm{mm}^2]$		$A[\mathrm{mm}^2]$		
	开肩半径	$r[\mathrm{mm}]$			$R[\mathrm{mm}]$					
	试样直径	$d[\mathrm{mm}]$	$d_0[\mathrm{mm}]$		$d[\mathrm{mm}]$					
	产品厚度	$t[\mathrm{mm}]$								
板状拉伸试样尺寸	短比例试样	$a=t$								
		$b=25\mathrm{mm}$							$W=25\mathrm{mm}$	
		$L_0=5.65\sqrt{S_0}$						$L_0=5.65\sqrt{A}$		
		$L_c=L_0+2\sqrt{S_0}$						$L_c=L_0+2\sqrt{A}$		
		$R=25\mathrm{mm}$	$r=25\mathrm{mm}$	$R\geqslant25\mathrm{mm}$	$R=25\mathrm{mm}$					$R\geqslant25\mathrm{mm}$
	D200mm 型试样尺寸	$a=t$								
		$b=25\mathrm{mm}$	$b\geqslant25\mathrm{mm}$	$b=25\mathrm{mm}$					$W=25\mathrm{mm}$	
		$L_0=200\mathrm{mm}$								
		$L_c=225\mathrm{mm}$			$\geqslant212.5\mathrm{mm}$		$L_c=225\mathrm{mm}$		$P\approx212.5\mathrm{mm}$	$P\approx220\mathrm{mm}$
		$R=25\mathrm{mm}$	$r=25\mathrm{mm}$	$R\geqslant25\mathrm{mm}$	$R=25\mathrm{mm}$	$R\geqslant25\mathrm{mm}$	$R=25\mathrm{mm}$			$R\geqslant25\mathrm{mm}$

类别	项目	中国 CCS	德国 GL	英国 LR	法国 BV	意大利 RINA	挪威 DNV	美国 ABS	韩国 KR	日本 NK
板状拉伸试样尺寸	$(L-L_0)<10\%L_0$	当（$L-L_0$）$<10\%L_0$ 时，L_0 可以修约到 5mm								
	尺寸公差执行标准	GB/T 228	ISO6892 EN10002	EN10002-1	ISO6892	ISO6892	ISO82—1974	A370 或 ASTM E8/E8M		
	尺寸公差	10<厚度<18 ±0.2 18<厚度<30 ±0.5							10<厚度≤16 ±0.5 16<厚度≤63 ±0.7	
	形状公差	10<厚度<18 0.1 18<厚度<30 0.2		10<厚度≤18 0.27 18<厚度≤30 0.33					$W>16$ 最大 0.10	
圆形拉伸试样尺寸	短比例试样	$d=14\text{mm}$	$d_0=14\text{mm}$	$d=14\text{mm}$						
		$L_0=5d$	$L_0=70\text{mm}$	$L_0=5d$				$L_0=70\text{mm}$	$L=70\text{mm}$	
		$L_c=L_0+0.5d$	$L_c=85\text{mm}$	$L_c\approx L_0+d$	$L_c\geqslant L_0+0.5d$	$L_c=L_0+0.5d$		$L_c=85\text{mm}$	$P=85\text{mm}$	$P=80\text{mm}$
		$R=10\text{mm}$	$r=10\text{mm}$	$R\geqslant 10\text{mm}$	$R=10\text{mm}$					$R\geqslant 10\text{mm}$
	$(L-L_0)<10\%L_0$	当（$L-L_0$）$<10\%L_0$ 时，L_0 可以修约到 5mm								
	尺寸公差执行标准	GB/T 228	ISO6892 EN10002	EN10002-1	ISO6892	ISO6892	ISO82	A370 或 ASTM E8/E8M		
	尺寸公差	10<直径≤ 18 ±0.09		10<直径≤ 18 ±0.09					10<直径≤16 ±0.5	
	形状公差	10<直径≤ 18 0.04		10<直径≤ 18 0.04					$W>16$ 最大 0.05	
拉伸试样方向	$W\geqslant 600$	横向	横向	横、纵向	横向					
	$W<600$	纵向						横向	纵向	

类别	项目	中国 CCS	德国 GL	英国 LR	法国 BV	意大利 RINA	挪威 DNV	美国 ABS	韩国 KR	日本 NK
V 型冲击试样尺寸	执行标准	GB/T 229	ISO148 （EN10045 Part1）	EN10045-1						JISZ2242
	试样长度	(55 ±0.60) mm								
	试样厚度	(10 ±0.06) mm								
	标准样宽度	(10 ±0.11) mm								
	小试样宽度	(7.5 ±0.11) mm								
	小试样宽度	(5 ±0.06) mm								
	缺口角度	45° ±2°								
	缺口底部的厚度	(8 ±0.06) mm								
	缺口半径	(0.25 ±0.025) mm								
	切口中心距试样两端的距离	(27.5 ±0.42) mm						(27.5 ±1) mm	(27.5 ±0.42) mm	
	缺口对称平面和纵向轴之间角度	90° ±2°								
	相邻纵向面的角度	90° ±2°						90° ±10′	90° ±2°	
弯曲尺寸	执行标准	GB/T 232 GB/T 712	ISO7438					ASTM E290	KSB0804：201	JISZ2248
	厚度×宽度	$a \times b$			$t \times W$	$a \times b$		25mm×20mm	R1	U1A
	板厚	a	t							U1B
	$t \leqslant 25$mm	$a = t$								
	$t > 25$mm	$a < 25$mm								
	试样宽度	$b = 5a$	$b = 30 \sim 50$mm	$1.5t$	$W = 30$mm		$b = 30 \sim 50$mm			
	取样方向	横、纵向	横向	横、纵向	横、纵向					
	普通强度弯心	$D = 2a$	$D/2 = 2a$	$D > 3a$	弯心和角度见产品标准					
	高强度弯心	$D = 3a$	$D/2 = 3a$							
	弯曲角度	A：80° B：120°	180°	180°						

第 29 章　金属材料　复合钢板力学试样

（GB/T 6396—2008）

29.1　剪切试验试样

29.1.1　试样图解

在金属材料　复合钢板取剪切试验试样坯按图 29-1 所示的位置取样，对于轧制复合钢板，试样长度方向应平行于轧制方向，$W = 1.5a_c \pm 0.1a_c \leqslant 3\text{mm}$；$a_b \geqslant 2W$。

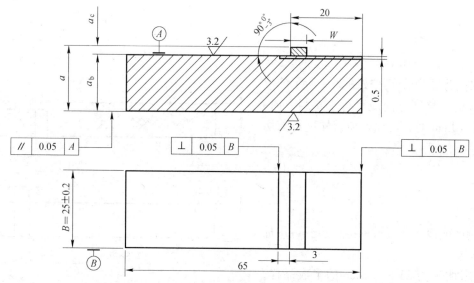

图 29-1　在金属材料　复合钢板取剪切试验试样坯的位置

a—试样总厚度；a_b—试样的基材厚度；a_c—试样的复材厚度；B—试样宽度；W—试样复材受剪面宽度

29.1.2 加工工序及方法

（1）按标准检查验收坯料。

（2）确认试样方向，去掉毛坯料的热影响区或冷变形区，将坯料加工成两个 $30mm(W) \times 65mm(L)$ 大小的板状毛样。可用加工设备有锯床、立式铣床、卧式铣床等。

（3）在毛坯样上用画线笔进行编号及方向标记。

（4）若复材厚度大于 3mm，应利用立式铣床将复材厚度减至 3mm。

（5）在立式铣床上将总板厚大于 16mm 的试样从基材面加工成总厚度为 16mm 的试样。

（6）加工完的坯料利用卧式铣床组合刀具加工成成品样。

（7）试样外观无毛刺，无明显影响性能的伤痕。

（8）试样表面粗糙度不劣于 $3.2\mu m$。

29.2 拉剪试样

29.2.1 试样图解

在金属材料 复合钢板取抗剪试验试样坯按图 29-2 所示的位置取样，对于轧制复合钢板，试样长度方向应平行于轧制方向，当复合钢板总厚度 T 小于等于 10mm 时，可以拉剪试样进行剪切试验。

29.2.2 加工工序及方法

（1）按标准检查验收坯料。

（2）去掉毛坯料的热影响区或冷变形区域的冷剪边。可用加工设备：立式铣床、平面铣床等。

（3）将毛坯料用立式铣床加工为 $25 \pm 0.2mm$ 的半成品样，再使用 3mm 锯片在平面铣床上开槽，复材的槽宽不得小于 5mm，槽深至基材处；在基材面开不小于 5mm 的基材槽，与复材的槽

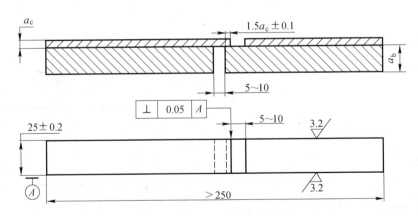

图 29-2 在金属材料 复合钢板取抗剪试验试样坯的位置
a_b—试样的基材厚度；a_c—试样的复材厚度；T—复合钢板总厚度

宽距离为 $1.5a_c$。

（4）试样外观无毛刺，无明显影响性能的伤痕，并在试样的立面上打标记。

（5）试样表面粗糙度不劣于 $3.2\mu m$。

29.3 侧弯曲试样

29.3.1 试样图解

在金属材料　复合钢板取侧弯曲试样坯按图 29-3 规定，当复合钢板总厚度 T 小于 40mm 时，试样宽度 $B = T$；当复合钢板总厚度 T 大于 40mm 时，可将复合钢板从基材减薄至 40mm。对于双面复合钢板，应取两个试样分别从各面减薄至 40mm。试样的横截面要打掉毛刺并倒圆角。

29.3.2 加工工序及方法

（1）按标准检查验收坯料。

（2）去掉毛坯料的热影响区或冷变形区，可用加工设备为立式铣床等。

（3）当复合钢板总厚度 T 小于 40mm 时，试样宽度 $B = T$。

（4）当复合钢板总厚度 T 大于 40mm 时，可将复合钢板从基材减薄至 40mm；对于双面复合钢板，应取两个试样分别从各面减薄至 40mm。

（5）试样表面粗糙度不劣于 $3.2\mu m$。

（6）试样的倒角不小于 2mm。

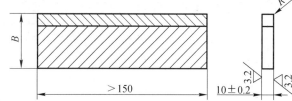

图 29-3　在金属材料　复合钢板取侧弯曲试验试样坯的位置
B—试样宽度；R—倒圆半径；T—复合钢板总厚度

29.4 黏结试验试样

29.4.1 试样图解

在金属材料　复合钢板取侧弯曲试样坯按图 29-4 所示的位置取样，复材与基材结合面应呈均匀环状，保证结合面积的数据准确。

29.4.2 加工工序及方法

（1）按标准检查验收坯料。

（2）去掉毛坯料的热影响区或冷变形区，将坯料加工成 50mm×50mm 的方形，可用加工设备为锯床、圆车等。

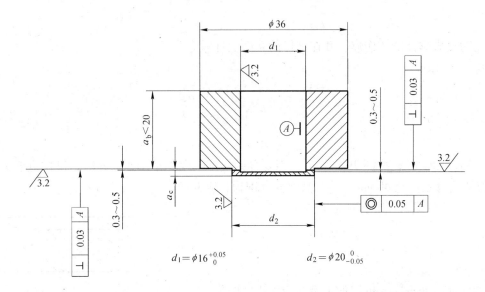

图 29-4 在金属材料 复合钢板取黏结试验试样坯的位置

a_b—试样的基材厚度；a_c—试样的复材厚度；d_1—试样环形结合面内径；d_2—试样环形结合面外径

（3）使用圆车把复材厚度减至 $\phi 20_{-0.05}^{\ 0}$mm，打 $\phi 16_{\ 0}^{+0.05}$mm 中心眼，打至复材底部且不能伤及复材。

（4）使用圆车加工外径 $\phi 36$mm 的圆且倒角。

（5）试样表面粗糙度不劣于 3.2μm。

29.5 维氏硬度试验部位示意图

29.5.1 试样图解

在金属材料 复合钢板进行维氏硬度试验，其部位按图 29-5 所示位置。试样应取自复合钢板的横截面，具体尺寸视需要和试验条件而定。

29.5.2 主要加工工序

（1）按标准检查验收坯料。

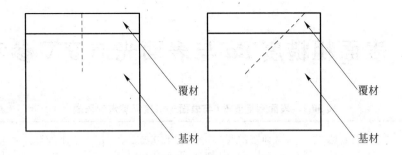

图 29-5　在金属材料　复合钢板做维氏硬度试验的位置

（2）去掉毛坯料的热影响区或冷变形区域的冷剪边。可用加工设备：锯床、铣床、磨床等。

（3）使用锯床、铣床加工为 30mm×30mm 的试样，用铣床铣平表面，用磨床将基材和复材两面磨平。

（4）试样表面粗糙度不劣于 0.8μm。

（5）试样的边、角要打掉毛刺。

第 30 章 表面粗糙度 *Ra* 与表面光洁度 ▽ 参考对照表

表 30-1 表面粗糙度 *Ra* 与表面光洁度 ▽ 参考对照表

表面粗糙度 $Ra/\mu m$	表面光洁度 ▽	表面粗糙度 $Ra/\mu m$	表面光洁度 ▽	表面粗糙度 $Ra/\mu m$	表面光洁度 ▽	表面粗糙度 $Ra/\mu m$	表面光洁度 ▽
0.012	▽14	0.2	▽10	3.2	▽6	50	▽2
0.025	▽13	0.4	▽9	6.3	▽5	100	▽1
0.05	▽12	0.8	▽8	12.5	▽4		
0.1	▽11	1.6	▽7	25	▽3		

注：1. 用数值表示表面粗糙度的方法是国际通用的表面粗糙度表示方法，《产品几何级数规范（GPS）表面结构轮廓法表面粗糙度参数及其数值》（GB/T 1031—2009）中规定了表面粗糙度参数及其数值。与之相对应的用▽加数字方式表示表面光洁度的方法目前已不推荐使用，但在实践中还有使用，使用者往往苦于找不到两者之间的对应关系，为此我们制作了这个对照表，供试样加工人员参考。

2. 表面粗糙度参数有两种，一种是轮廓的算术平均偏差 *Ra*，一种是轮廓的最大高度 *Rz*。在幅度参数（峰和谷）的常用参数范围内（*Ra* 为 0.025 ~ 6.3μm，*Rz* 为 0.1 ~ 25μm）推荐优先使用 *Ra*，故这里没有给出 *Rz* 的对应值。

第 31 章 力学性能试样计量器具的不确定度及选用原则

31.1 力学试样加工、验收中的常用计量器具及其不确定度

一般情况下，需要用车床、铣床、线切割机、磨床、专用机床等加工的力学试验试样有拉伸试样、压缩试样、冲击试样、弯曲试样、持久试样、断裂韧度试样、落锤撕裂试样等。力学性能试样加工、验收时一般情况下采用卡尺、千分尺、投影仪以及三坐标仪对试样进行测量。在选用加工、验收计量器具时，计量器具的不确定度要影响到试样加工精度、误收误废以及力学试验结果的不确定度。

当使用计量器具对力学试样进行加工、验收量时，计量器具给测量结果引入的不确定度有两种评定方法：（1）如果计量器具检定或校准时提供了不确定度 U 及包含因子 k，那么计量器具引入的不确定度为 U/k。在这个不确定度 U 中考虑了各种不确定度的来源，如对于游标卡尺要考虑卡尺尺身标记误差存在的不确定度分项、游标标记误差存在的不确定度分项、卡尺标记宽度差存在的不确定度分项、测量面的平面度误差的不确定度分项、零位误差引起的不确定度分项、视差引起的不确定度分项等。（2）如果检定证书或校准证书没有提供不确定度，在检测环境和方法符合要求条件下，计量器具给测量结果引入的不确定度可以简单考虑两个分项，即计量器具的示值误差和分辨力（分度值）。以力学试验试样的几何尺寸测量为例，常用计量器具的允许最大示值误差 $\pm\Delta$、分辨力 d 及由最大示值误差和分辨力计算的不确定度见表31-1。表31-1 中计量器具名称为简称，如0.02 卡尺是指分度值为 0.02mm 的游标卡尺。计量器具的测量不确定度为 u，为对力学试样进行验收测量时该计量器具引入的不确定度，且 $u = \sqrt{(\Delta/\sqrt{3})^2 + (0.29 \times d)^2}$。

表 31-1 计量器具的测量不确定度

编号	计量器具名称	最大示值误差 $\pm\Delta$/mm	分辨力 d/mm	不确定度 u/μm	编号	计量器具名称	最大示值误差 $\pm\Delta$/mm	分辨力 d/mm	不确定度 u/μm
1	0.10 卡尺	0.10	0.10	65	7	0.002 千分尺	0.004	0.002	2.4
2	0.05 卡尺	0.05	0.05	32	8	0.001 千分尺	0.004	0.001	2.3
3	0.02 卡尺	0.02	0.02	13	9	0.001 数显千分尺	0.002	0.001	1.2
4	0.01 卡尺	0.02	0.01	12	10	0.0001 数显千分尺	0.002	0.0001	1.2
5	0.01 千分尺	0.004	0.01	3.7	11	投影仪			0.68
6	0.005 千分尺	0.004	0.005	2.7					

31.2 常见试样几何尺寸技术要求

常见力学性能试样有拉伸试样、冲击试样等，拉伸试样还有薄板拉伸试样、圆形拉伸试样、矩形拉伸试样、管材拉伸试样等。表31-2 列举了常见力学试样的几何尺寸的部分技术要求。

表31-2　试样几何尺寸技术要求　　　　　　　　　　（mm）

试　样	冲击试样（GB/T 229—2007）							
几何尺寸	0.25	1	2.5	5	7.5	10	27.5	55
极限偏差±	0.025	0.07	0.04	0.06	0.11	0.075	0.42	0.6

试　样	拉伸试样（GB/T 228.1—2010）				
几何尺寸	3	(3, 6]	(6, 10]	(10, 18]	(18, 30]
极限偏差±	0.02	0.02	0.03	0.05	0.10
形状公差	0.03	0.03	0.04	0.04	0.05

试　样	落锤撕裂试样（GB/T 8363—2007）			
几何尺寸	0.025	5.1	76.2	305
极限偏差	−0.023 ~ +0.013	±0.5	±1.5	±5

试　样	旋转弯曲疲劳试样（GB/T 4337—2008）		
几何尺寸	6	7.5	9.5
极限偏差±	0.05	0.05	0.05
形位公差	圆柱度0.02，同轴度0.015		

31.3　计量器具的选用原则及计量器具测量不确定度允许值（u_1）

在力学试样加工、验收时，对于常用计量器具的选用，GB/T 3177 规定了选择原则，即计量器具所导致的测量不确定度（简称计量器具的测量不确定度 u）等于或小于根据光滑工件尺寸大小及公差等级确定的计量器具的测量不确定度允许值 u_1，简称为 $u \leqslant u_1$ 原则。根据计量器具的测量不确定度 u 和工件公差 T 的比值，把计量器具的测量不确定度允许值 u_1 分为 Ⅰ、Ⅱ、Ⅲ 三挡（一般情况下，优先选用 Ⅰ 挡，其次选用 Ⅱ、Ⅲ 三挡）。表31-3 为从 GB/T 3177 中摘出的与力学性能试验试样相关的部分计量器具测量不确定度允许值 u_1。

表 31-3　计量器具测量不确定度允许值（u_1）

公差等级		9				10			
公称尺寸/mm		公差/μm	u_1/μm			公差/μm	u_1/μm		
大于	至		I	II	III		I	II	III
—	3	25	2.3	3.8	5.6	40	3.6	6.0	9.0
3	6	30	2.7	4.5	6.8	48	4.3	7.2	11
6	10	36	3.3	5.4	8.1	58	5.2	8.7	13
10	18	43	3.9	6.5	9.7	70	6.3	11	16
18	30	52	4.7	7.8	12	84	7.6	13	19

31.4　力学试样计量器具的选择方法

力学试样的加工、验收过程中，在人员能力、环境条件是符合要求的前提下，由于测量器具和测量系统都存在误差，导致存在一定的误判概率，应尽量避免误判概率。从长远角度讲，误收价值与计量器具的成本相比，避免误收价值更大。力学试样的加工与验收双方要达成一致意见，用等精度量具、统一的测量方法进行加工测量和验收测量，以避免误收和双方争议。

测量加工、验收力学性能试样中标注有偏差的几何尺寸时，计量器具的选择方法是：

（1）确定供选择使用的计量器具的不确定度 u（参考表 31-1）。

（2）确定力学试样公称尺寸的公差 T。

（3）根据力学试样公称尺寸大小和公差，确定计量器具的不确定度允许值 u_1（参考表 31-3）。

（4）根据计量器具的不确定度 u 选择计量器具，要求满足 $u \leqslant u_1$ 原则。

31.5　力学试样计量器具的选择举例

冲击试样几何尺寸的公差 T 由几何尺寸的上极限偏差减下极限偏差求出。拉伸试样的几何尺寸有尺寸极限偏差和形状公差两个要求（见表 31-2），极限偏差确定的公差 T_1 由几何尺寸的上极限偏差减下极限偏差求出，几何尺寸的公差 T 取 T_1 和形状公差两个值中的较小值。采用上述方法确定的试样的公差 T、根据表 31-3 确定的测量试样的计量器具的不确定度允许值 u_1 及根据表 31-1 计算的计量器具的测量不确定度 u，力学试样加工、验收选用的计量器具见表 31-4。

表 31-4　力学试样计量器具选择

试　样	冲击试样							
几何尺寸/mm	0.25	1	2.5	5	7.5	10	27.5	55
试样公差 $T/\mu m$	50	140	80	120	220	150	840	1200
I　　u_1	3.6	13	5.4	11	20	14	76	110
选择计量器具	6 号	3 号	5 号	5 号	3 号	3 号	1 号	1 号
II　　u_1	6.0	21	9.0	18	33	23	130	180
选择计量器具	5 号	3 号	5 号	3 号	3 号	3 号	1 号	1 号
III　　u_1	9.0	14						
选择计量器具	5 号	3 号						

试　样	拉伸试样				
几何尺寸/mm	3	(3, 6]	(6, 10]	(10, 18]	(18, 30]
试样公差 $T/\mu m$	30	30	40	40	50
I　　u_1	2.3	2.7	3.3	3.9	4.7
选择计量器具	8 号	6 号	6 号	5 号	5 号
II　　u_1	3.8	4.5	5.4	6.5	7.8
选择计量器具	5 号	5 号	5 号	5 号	5 号
III　　u_1	5.6	6.8	8.1	9.7	12
选择计量器具	5 号	5 号	5 号	5 号	4 号

如直径 10mm 拉伸试样，直径的技术要求是：尺寸要求 10 ± 0.03（mm），形状公差 0.04mm，尺寸公差 T 为 40μm（0.06mm 和 0.04mm 中较小值）。选用的计量器具的允许不确定度 u_1 为 3.3μm（I 挡）、5.4μm（II 挡）、8.1μm（III 挡）（见表 31-3）。再根据表 31-1 计量器具的不确定度 u 和规定的 $u \leqslant u_1$ 原则，选择的计量器具分别是：6 号（不确定度 2.7μm）、5 号（不确定度 3.7μm），即 0.005 千分尺、0.01 千分尺。也就是说测量直径 10mm 拉伸试样判定其符合性时，优先选用 0.005 千分尺，其次选用 0.01 千分尺。

如 $10 \times 10 \times 55$ (mm) 的 V 型缺口冲击试样，其高度尺寸的技术要求是 10 ± 0.075 (mm)，尺寸公差 T 为 150μm，采用的计量器具的允许不确定度 u_1 为 14μm（I 挡）、23μm（II 挡）（见表 31-3），再根据表 31-1 计量器具的不确定度 u 和规定的 $u \leqslant u_1$ 原则，选择的计量器具分别是：3 号（不确定度 13μm），即 0.02 卡尺。也就是说测量 $10 \times 10 \times 55$ (mm) 的 V 型缺口冲击试样高度尺寸试样判定其符合性时，应选用 0.02 卡尺。

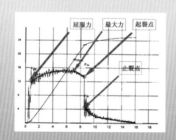

齐齐哈尔华工机床有限公司
QIQIHAR HUAGONG MACHINE CO.,LTD

没有合格的试样，就没有准确的检测

　　齐齐哈尔华工机床有限公司，地处我国东北老工业装备基地齐齐哈尔市南苑高新技术产业开发区，是"哈—大—齐"工业走廊示范性建设的国家级高新技术企业。企业于 2003 年通过了 GB/T 19001—2000 idt ISO9001:2000 质量管理体系认证。2008 年被列入国家级高新技术企业。华工机床多项产品被列入高新技术产品。

　　齐齐哈尔华工机床有限公司已经形成了从"试样下料"—"成品加工"—"在线检测"全套专用机床设备研制生产能力，是我国物理测试专用设备研发基地。其主导产品是以板材试样加工生产线、棒材试样加工生产线、低倍试样加工生产线等为主导的 8 个系列、22 种专用机床设备。这些物理测试、试样加工专用机床设备与产品，主要服务于钢铁、军工、航天、船舶、汽车、机械制造等行业。

　　齐齐哈尔华工机床有限公司拥有一支微机与数控、工业机器人与虚拟技术、机械与液压传动、刀具与切削、金属材料试验与检测等专业技术人才密集型的产品研发和售后服务队伍，奉行"质量第一、优质服务、科学管理、持续进步"的企业方针，以真诚和热情对待每位用户，以认真和苛刻对待每一个产品，以责任和使命对待售后服务。

板材试样加工生产线

宽幅试样采用 A 模式

GBK4265
数控板材多功能取样机床

GBK4220
数控板材冲击试样成型机床

HGCJ -100B
冲击试样加工中心

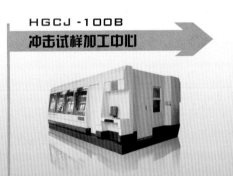

窄幅试样采用 B 模式

QXK 6040C
数控试样双开肩专用机床

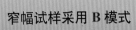

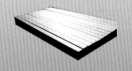

QXK 6050B
数控试样专用双面铣床

国家高新技术企业、黑龙江省企业技术中心、物理测试专用设备研发基地
网址：www.hgjc13.com　E-mail：hgjc13@hotmail.com

齐齐哈尔华工机床有限公司
QIQIHAR HUAGONG MACHINE CO.,LTD

棒材试样加工生产线

GYK 4220
数控板材多功能取样机床

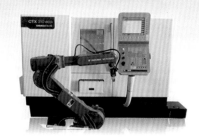

CXWK 310
多功能试样加工中心

棒材试样

偏心取拉伸及冲击试样

Z向厚度拉伸试样

方改圆取拉伸及冲击试样

低倍试样加工生产线

LYXMK 20B
数控板材多功能取样机床

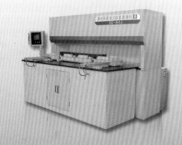

LSH
冷酸洗自动化环保腐蚀机

DJCZ-400A
低倍硫印酸洗自动化成像检测中心

地　址：黑龙江省齐齐哈尔市南苑高新技术开发区鹤城路88号（161005）
电　话：0452-2334838　　传　真：0452-2334823　　网　址：www.hgjc13.com　　E-mail：hgjc13@hotmail.com

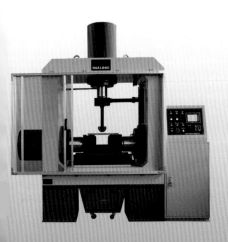

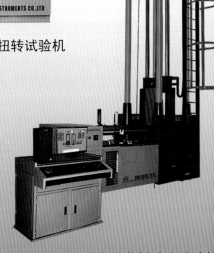

CBD 系列全自动低温摆锤冲击试验机

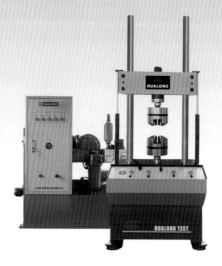

PWS 系列电液伺服疲劳试验机

WAW 系列电液伺服拉伸试验机

WDW 系列微机控制电子万能试验机

WAW 系列电液伺服万能试验机

RCW 系列蠕变持久试验机

上海华龙测试仪器股份有限公司

SHANGHAI HUALONG TEST INSTRUMENTS CORPORATION

WANCE 万测集团

管材静液压试验机系列
规格：3MP-500MP

电子万能试验机系列
规格：10N-1000kN

电液伺服压力试验机系列
规格：50kN-20000kN

电液伺服万能试验机系列
规格：300kN-3000kN

落锤冲击试验机系列
规格：300J-100000J

摆锤冲击试验机系列
规格：0.5J-100000J

地　址：深圳市南山区西丽留仙洞福新发工业园　　服务热线：0755-23057996　　网　址：www.wance.com.cn

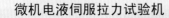

大连希望设备有限公司

大连希望设备有限公司成立于 1992 年（原大连希望设备厂），是制造夏比冲击试样缺口专用拉床、压缩机制冷冲击试验低温槽和冲击试样缺口专用投影仪的制造厂。

试样自动升降冲击试验低温槽

落锤试验低温槽（压缩机制冷）

冲击试样缺口专用投影仪

冲击试样缺口专用拉床

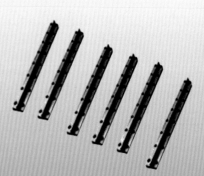

各种型号冲击试样缺口拉刀

冲击／落锤试验放置试样不锈钢槽体内

名　　称	型　　号
标准冲击试验低温槽 （多层试样筐自动升降）	CDC-60B
	CDC-70B
	CDC-80B
	CDC-100B
大容积冲击试验低温槽 （多层试样筐自动升降）	CDC-60C
	CDC-80C
	CDC-100C
落锤试验低温槽	LDC-60C
	LDC-80C
	LDC-100C
定制专用低温槽	按照需方要求定制
冲击试样缺口拉床	V(U)-A（手动式）
	V&U-B（双刀机械式）
	V&U-Y（双刀液压式）
投影仪	CST-C
冲击试样缺口专用拉刀	夏比 V 型（GB/T 229）
	夏比 U 型（2mm 深）
	夏比 U 型（5mm 深）
	夏比 U 型（3mm 深）
	夏比 V 型（ASTM E23）

地　　址：大连市甘井子区金家街金荣路 37 号
网　　址：http://www.xi-wang.com　　信　箱：postmaster@xi-wang.com
电　话：0411-86572279　　传　真：0411-86574211　　技术支持：yjj51@hotmail.com　13904089260